人工智能工程化

应用落地与中台构建

蒋彪 王函 著

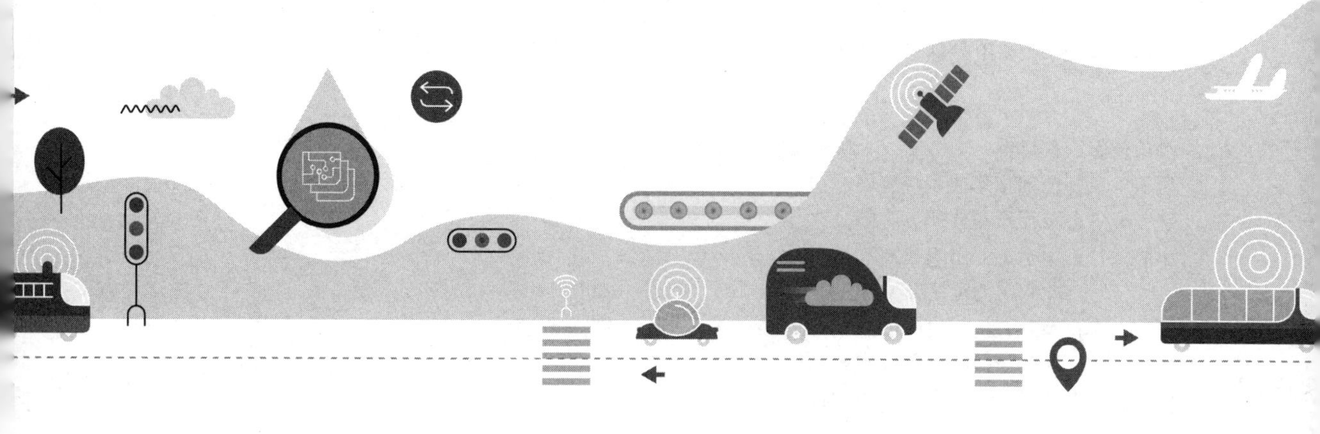

電子工業出版社
Publishing House of Electronics Industry
北京•BEIJING

内 容 简 介

人工智能深刻影响着人类发展，本书将带领各位读者从工程化落地的角度了解人工智能。

本书的第1章和第2章简单介绍了人工智能的基本概念及其常见算法。第3章和第4章从工程化的角度探讨了人工智能与智能制造、人工智能与智能设计。第5～9章重点介绍了人工智能中台的概念，以及在企业中构建人工智能中台的流程。

本书适合人工智能相关领域（特别是人工智能产品研发领域）的工程技术人员阅读，对于人工智能科研领域的读者亦有一定的参考价值。

图书在版编目（CIP）数据

人工智能工程化：应用落地与中台构建 / 蒋彪，王函著. —北京：电子工业出版社，2020.10

ISBN 978-7-121-39593-2

Ⅰ. ①人… Ⅱ. ①蒋… ②王… Ⅲ. ①人工智能 Ⅳ. ①TP18

中国版本图书馆CIP数据核字（2020）第175522号

责任编辑：孙奇俏　　　　特约编辑：田学清
印　　刷：三河市华成印务有限公司
装　　订：三河市华成印务有限公司
出版发行：电子工业出版社
　　　　　北京市海淀区万寿路173信箱　　邮编：100036
开　　本：787×980　1/16　印张：12.5　字数：278.8千字
版　　次：2020年10月第1版
印　　次：2020年10月第1次印刷
定　　价：79.00元

凡所购买电子工业出版社图书有缺损问题，请向购买书店调换。若书店售缺，请与本社发行部联系，联系及邮购电话：（010）88254888，88258888。

质量投诉请发邮件至zlts@phei.com.cn，盗版侵权举报请发邮件至dbqq@phei.com.cn。

本书咨询联系方式：010-51260888-819，faq@phei.com.cn。

推荐序

我们这代人正在见证一个全新时代的来临。

1900 年前后，电气化和运输机械化的发展将人类文明推入了高速发展时代，如今 5G、人工智能、大数据等技术的创新也正以无与伦比的速度改变着现代社会的运行模式和进步节奏。

1993 年，时任美国总统克林顿提出“国家信息高速公路”计划，要求全美所有计算机设备都得具备联网功能。伴随着这一政策的出台，以前专为美国军方和研究所少数人服务的互联网技术进入了大众视野。许多新的业务形态，如网络邮箱、网络电话、网络新闻等，在同一时间诞生了。

2000 年以后，伴随着互联网基础设施、物流基础设施在中国的普及与完善，阿里巴巴和京东等大型电商企业将线上业务和线下业务进行了整合，实现了具有中国特色的互联网经济模式。

2010 年以后，随着 4G 基础设施的完善，中国智能手机的普及率已经达到了 90%以上。此时，所有火种都已具备，只差一个火苗就能引爆全新的经济形态。最终，字节跳动点燃了这把火，其在短短的几年内通过抖音、今日头条等根植于智能手机社群的 App 开创了直播带货等自媒体变现模式。

2020 年，我们站在 5G 时代的门口，未来的 5G 将更进一步实现万物互联。

万物互联下，通信网络中将传输超过人类历史总和的海量数据，如果没有近几年大数据技术的发展，我们难以想象如何对这些海量数据进行存储、计算和传输。面对这些海量数据，我们需要借助最近几年发展迅猛的人工智能技术（如深度学习算法和神经网络算法）对其进行挖掘和分析，否则以传统方式处理海量数据将拖垮我们的业务模式。

因此可以说，“5G +大数据+人工智能”已经把又一个新经济形态的火种为我们备齐，现在我们只需要静待下一个火苗的出现……

作为全球汽车工业的引领者和美国汽车工业的奠基者，福特公司每年都会在世界顶级期刊上发表多篇人工智能领域的学术论文，并申请各类专利。在 Google 发起的全球无人驾驶能力评价中，福特公司的算法能力一直遥遥领先。2019 年，福特公司在美国若干个城市正式试运营无人驾驶出租车业务。可以说，福特公司是当今少有的能将无人驾驶业务落地的公司之一。

在此感谢福特中国车联网部门的工程师蒋彪作为第一作者撰写此书，希望此书能够帮助更多的读者系统地学习将人工智能技术工程化的诀窍，了解人工智能中台的构建方式。福特中国愿与所有相关领域工程师共创美好新时代。

福特中国 CIO，侯新海

推荐语

本书是市面上比较少见的、侧重于介绍人工智能工程化落地细节的技术图书。全书从人工智能算法特性、产品落地场景、搭建人工智能中台三个层面展开，理论扎实、细节清晰。通过阅读本书，读者可以将学术理论与工业落地有机联系，真正实现人工智能工程化快速落地。

清华大学计算机系长聘副教授、AIOps 专家、AIOps 挑战赛创办人，裴丹

作者既有理论基础，又有项目落地经验，通过本书给读者带来了广阔视野。作为一本系统介绍人工智能及其工程化落地的技术读物，本书既覆盖原理，又深入中台应用实战，值得人工智能领域从业者、技术爱好者，以及企业级中台业务核心技术人员参考。

福特中国车联网事业部高级经理，季群

本书以人工智能工程化为抓手，细致指导读者如何将人工智能能力产品化，并给企业赋能。书中尤其敏锐的观点是，提出了搭建企业级人工智能中台的技术规划和落地方案。毫无疑问，本书在人工智能领域非常具有实践意义。建议各位读者认真品读。

菜鸟物流云原首席架构师、飞熊领鲜联合创始人兼 CTO，湛勇

序 1

我是 2018 年开始接触人工智能的。最早的契机是，开发一款大数据风险评估产品。

当时，我们需要融合各种数据源，通过算法对客户的金融信用进行评级和打分。对此，我们尝试了各种算法，包括回归算法、支持向量机、决策树、随机森林等。

但是我们很快发现，清洗数据、融合数据、训练模型、部署模型、反馈模型等，好像所有事务都要从零开始，我们需要手动造轮子。为此，所有人都痛苦不已。

然而，还有一件更痛苦的事情——每一个在训练场景中都能完美收敛的算法，在上线之后总是和目标结果有很大偏差。

我猜想一定是哪里做错了、想错了，才使整个人工智能的落地过程令人感觉如此痛苦，可究竟是哪里做错了、想错了呢？

2019 年，我开始深度参与如雨后春笋般成长起来的人工智能产品的研发，并负责其中的关键环节，如无人零售场景分析、商场人流分析和预测、无人监控服务器运维值守等。我开始深刻地认识到，在人工智能工业化落地过程中，作为设计人员，一定要明白人工智能到底是什么、能用来做什么，以及如何去做。

基于此，2019 年下半年，我开始构思、推广人工智能中台化这一概念。所谓人工智能中台化，就是将企业所需要的常见人工智能能力模块化、组件化、可插拔化，将人工智能能力（包括硬件的计算能力、算法的训练能力、模型的部署能力、基础业务的展现能力）集约起来，包装成基础平台。

站在整个企业架构的角度来看，人工智能中台的地位和数据中心、业务中台一样，是公司发展的基石。可以这么说，20 年前便开始好好规划企业数据中心的公司、10 年前便开始规划企业业务中台的公司，以及目前已着手规划企业人工智能中台的公司，都是站在时代前沿的追逐者。

市面上主流的关于人工智能的图书，多半深耕算法或某一特定领域工具。我和身边的朋友交流发现，很多人都希望有这样一本书：面对的读者是工程师，介绍的内容是人工智能从算法到产品再到工程化，不仅能帮助业务落地，而且能控制企业成本。于是，我和王函老师合作，撰写此书，希望能给各位工程师朋友提供帮助。

这本书是对我最近两年在人工智能工程化道路上深度思考的总结。我在这本书中着重描述了人工智能的基础能力和各种落地场景，介绍了每个场景适合的算法，不同场景各有哪些缺陷。在本书最后，我还描述了如何利用一系列开源组件快速搭建一个适用于中小型企业的人工智能中台。

鉴于本人能力有限，如果书中有不足之处，还请各位读者多多海涵、批评指点。

我想将此书献给我的女儿蒋文婷，祝愿她健康幸福、快乐成长。

蒋　彪

2020 年 6 月

序 2

以互联网爆炸式发展为开端，互联网从军事领域逐渐走进千家万户。

如今，计算机、手机、平板电脑等智能设备基本成了人们的标配，5G 的兴起更是让万物互联的理想慢慢得以实现。伴随而来的是海量数据，如何处理这些数据成了人们面临的迫切问题。

要想解决这个问题，人工智能可谓不二之选。犹如蒸汽机将人类从生物能时代带到机械时代一样，人工智能将深刻改变我们的思考方式。

对于我来说，能投入这场伟大的变革之中是一件十分幸福的事情。

我大概从初中开始接触计算机，接触之初便十分痴迷，于是开始学习一些与编程相关的知识，还曾写出一个五子棋人机对战的小程序。虽然只是一个很简单的小程序，但从那时开始，我就认识到了人工智能的无限可能性。

后来，我又陆续接触和学习了一些更具难度的与编程相关的知识，但因为没有实际的应用场景所以在一段时间后中断了学习。直到后来，我看到一篇介绍深度学习的文章，其中的梯度下降和反向传播理念深深吸引了我，我意识到，原来计算机技术涉及这么深奥的理论。于是我开始尝试将学到的深奥知识运用到实际中。

正如前面所讲的，我们现在面临的迫切问题是，如何处理海量数据。如果不借助人工智能方法，而用传统方法来处理，我们自身的能力（人的数量）本身就是最大的瓶颈。依托人工智能理论，我们的能力仿佛可以得到复制，进而能够很好地处理问题，突破人数限制的瓶颈。

对于企业来讲，这种能力正是不可或缺的，是企业未来的核心竞争力。而人工智能中台化正是这种竞争力的落实和体现之处。

本书是我对于将上述想法应用于实际场景的探索和总结，书中介绍了目前比较容易实现的一些技术场景。希望大家通过阅读本书增进对人工智能工程化的了解。

在这里要特别感谢蒋彪，因为他的邀请，我才能参与到本书的创作之中，这也让我有机会整理了之前的想法，明确了未来的方向。

本书内容如有纰漏，还望大家批评斧正，期待和大家共同探讨人工智能的未来。

王 函

2020 年 6 月

前言

这是一本什么样的书

人工智能几乎是近几年最火热的技术名词。

仿佛一夜之间，不谈人工智能就是落伍，不搞人工智能产品就表示没能站在风口上。

但是当很多中小型团队冲入人工智能领域时，他们会发现，一开始以为是“拦路虎”的算法问题并不是最关键的痛点，而找到一个好的人工智能工程化落地场景，以及快速搭建人工智能工程化技术方案，变成了巨大的、难以跨越的鸿沟。

究其本质，取得人工智能核心算法的突破性进展是非常漫长且学术化的行为，尤其是在深度学习领域，有人调侃称，每年发表的论文堆起来比东方明珠塔还高。可以说，深度学习依然是不可解释的、依靠经验调参的“炼金术”。在这种背景下，绝大部分中小型企业并不具备在核心算法上取得突破性进展的能力。

对于绝大部分公司来说，能够找到一个准确的场景来应用人工智能算法，进而实现算法落地，实现人工智能工程化，才是最明智的。这也是本书能够解决的第一个问题——人工智能工程化的应用场景是什么。

本书能够解决的第二个问题是，如何进行工程化。

人工智能领域有着层出不穷的训练框架、算法包、工具，这是技术上的复杂性。另外，人工智能领域还涉及数据标注、算法训练、模型服务化、反馈模型等，这是项目管理上的复杂性。

也许对于算法科学家而言，这些都属于雕虫小技。但是对于绝大部分中小型企业的工程师而言，如果不解决这些复杂的技术细节，那么人工智能工程化就是空谈，人工智能产品化也将无从谈起，或者说，成本极高。

本书聚焦人工智能工程化的应用场景，以及人工智能工程化的技术细节，希望本书能给读者带来一点工程化实践的价值。

本书内容

本书主要介绍人工智能核心算法、人工智能工程化的应用场景，以及搭建人工智能中台的技术方案。全书共分 9 章，每一章的内容简介如下。

第 1 章　认识人工智能

人工智能是目前软件行业十分火热的方向之一，本章将介绍人工智能的基本概念、人工智能的常见流派、深度学习的不同种类、人工智能的数学基础，以及人工智能的应用场景。

第 2 章　人工智能的常见算法

本章将介绍一些人工智能的常见算法，包括线性回归、决策树、支持向量机、K 近邻算法、人工神经网络、梯度下降，以及目前大热的卷积神经网络等。

第 3 章　人工智能与智能制造

制造能力对于企业发展而言非常重要，本章将深入探讨人工智能在智能制造方面的一些应用和前景。

第 4 章　人工智能与智能设计

随着互联网电商和内容渠道的高速发展和变化，人工智能也开始大展身手，本章将介绍人工智能如何在这些方面为人们提供生产力。

第 5 章　人工智能中台化战略

企业通常面临着外面市场的快速变化，本章将解答中台化战略是什么、中台化战略的目的是什么，以及中台化战略能解决什么样的问题。

第 6 章　人工智能中台工程化：数据能力

中台化战略是一个大概念，包含多方面能力。本章将从数据的角度探讨人工智能中台化应该具有哪些能力，并介绍现在的一些工程化方案。

第 7 章　人工智能中台工程化：硬件能力

数据需要硬件的支撑才能发挥作用，本章将讨论如何构建一个平台来最大限度地提高数据的利用效率。

第 8 章　人工智能中台工程化：业务能力

企业是围绕着业务运转的，因此如何将业务落实在中台之上是非常重要的。本章将围绕企业业务能力讨论模型服务平台和算法建模平台的构建。

第 9 章　人工智能中台工程化：平台能力

平台化能提高数据、硬件和业务的利用效率，本章将讨论如何将各种平台能力整合起来，方便企业内部的各个部门使用。

联系作者

人工智能发展十分迅速，涉及很多不同学科的知识。在本书的撰写过程中，我们力图严谨，尽最大努力排除错误，但仍有可能存在纰漏。若您在阅读过程中发现错误，产生疑问，或对本书有其他好的建议，都可以联系我们，我们定会及时回复。

邮箱地址：crwkui@hotmail.com。

致谢

在本书的撰写过程中，我们得到了大量的帮助，有些来自领导，有些来自同事，有些来自网络博客，在此向这些提供帮助的人表示感谢。

感谢电子工业出版社博文视点的孙奇俏老师对我们的帮助和指正。作为理工科出身的程序员，我们语言贫乏、词不达意，如果没有孙老师的悉心指教，我们不可能顺利完成这本书。

感谢家人，他们是我们生命中最美丽的邂逅。

目录

第一部分　认识人工智能及其常见算法

第二部分 人工智能应用落地

第三部分 人工智能中台构建

读者服务

微信扫码回复：**39593**

- 获取各种共享文档、线上直播、技术分享等免费资源
- 加入读者交流群，与更多读者互动
- 获取博文视点学院在线课程、电子书 20 元代金券

在这一部分，我们将介绍人工智能的基本概念、常见算法、常见流派、目前的能力水平，以及人工智能目前在工业化落地中的常见场景。

认识人工智能及其常见算法

第1章 认识人工智能

1.1 人工智能的基本概念

在计算机领域，人工智能（在某些情况下又可称为机器学习）是一种由机器展示出来的智能行为，人类展示出来的智能称为自然智慧，一般我们简称为智慧。最新的教科书中将能感知并适应周围环境进而采取行动，最大限度达成目标的物体或设备称为智能体。

从更加容易理解的角度来看，我们可以对周围的事物进行类比。首先，石头这类静止不动的物体显然不能称为智能体，与此相反，我们一般认为动物是智能体。那植物能称为智能体吗？大家在中学时都做过植物向性运动实验，将发芽的玉米种子放置在没有光的环境中，最后植物的根部均朝地心方向生长。因此，植物也可以看作智能体。

从粗犷的角度来看，人、动物、植物都是拥有智能的，即拥有感知和达成目标的能力。更进一步讲，人的智能和动物、植物的智能显然又是有区别的，人的智能是一种更高级的智能。这种区别通常体现在对目标的定义上，如在围棋中，棋局的输赢显然比在数学上参照过去成功的公式推理出类似问题的答案要更加简单明确。从这个角度来看，可以将智能大致分为如下两种：

一种是目标相对比较明确的，类似于人类本能的智能；另外一种是目标相对比较复杂甚至无法明确定义的，类似于人类智慧的智能。

第一种智能虽然目标明确但不意味着简单，如呼吸是人类的本能，目标也很明确，就是吸进氧气吐出废气。但整个过程却并不简单：膈肌收缩，膈顶部下降，胸廓的上下径增大，同时肋间肌收缩，胸廓扩张，整个胸腔容量增大，肺扩张，肺内气压降低，外界气体被吸入。不难看出，呼吸是一个由众多步骤组成的复杂过程，但如果细分开来，其实每一步的目标都是明确的。

虽然这里将智能划分为两种，但它们之间不是独立的，智慧是构建于本能之上的。没有本能作为基础，智慧是不能存在的，也就是说，它们之间的关系是递进的。就像我们人类如果没有呼吸、消化等本能是无法存活的一样。另外它们的关系也是复杂的，将多项本能叠加在一起，经过复杂的交互就会产生智慧。

之所以强调上面的划分，是因为笔者认为现在的人工智能正处于智能发展的第一阶段，处于本能的构建阶段，如最近比较火的语音识别、图像识别等就是类似于本能的一种。它们目标明确、有清晰的定义，我们可以有针对性地进行基准测试。但整个过程却并不简单，其中还有许多要解决的难题。这类人工智能一般被称为弱人工智能。

弱人工智能（Artificial Narrow Intelligence，ANI）适合完成目标明确的任务，因此擅长完成单方面的任务，如战胜人类围棋世界冠军的 Alpha Go、支付宝的人脸支付、百度翻译等都属于弱人工智能。

构建于本能之上的第二阶段的智能被称为强人工智能（Artificial General Intelligence，AGI）或超人工智能（Artificial Superintelligence，ASI）。二者的区别为，以人类为参照物，如果达到类似于人类智慧水平，则称之为强人工智能；如果超过或远超人类智慧，则称之为超人工智能。与第一阶段相比，这个阶段的智能需要完成一些目标不是很明确甚至模糊的任务，或者在复杂环境中做出能最大概率成功的行为。这个阶段的智能具有将目标进行抽象、拆解、重新规划、从过去的经验中学习等一系列能力，而这些能力正是由第一阶段的本能组合搭建而成的，需要积累非常庞大数量的本能能力，在本能能力累加足够之后，强人工智能就可能以一种我们意想不到的方式突然出现。

回顾地球生物的进化历史，生命大约诞生于 35 亿年前，从细菌、微生物、单细胞生物、多细胞生物、植物、动物一路走来，直到约 500 万年前，人类的祖先才诞生。其实换个角度来看，这也是智能一步一步进化的历史。人工智能不是一个从零开始的，而是基于我们自身经验发展构建的产物，虽然有我们的经验可以借鉴，但人类对自身的了解其实也并不是非常深入的，我们尚无法解释自身智慧产生的奥秘。因此有理由相信人工智能有可能将长期处于从初级生物进化到高级生物的阶段。虽然长路漫漫，但正如人类会利用工具，人工智能今后必将作为人类更加有力、更加智能的工具帮助我们快速发展。

1.2　人工智能的常见流派

说起人工智能历史，如果从人类想象构建一个具有智慧的机器开始，其实可以追溯到很久之前。从大家熟知的匹诺曹的故事中可以看出，人类其实很早就开始寻找一种具有智慧并能辅助我们的工具。现在意义上的人工智能，其最早被提出可以追溯到古典哲学时代，古典哲学家们试图将人类思考的过程描述为一些符号运算。这项工作在 20 世纪 40 年代可编程数字计算机发明时期达到了第一个高潮，借助这种能将数学抽象、推理、付诸实践的机器，科学家开始认真考虑如何构建一个电子大脑。在这个过程中逐渐演化出了以下 3 个流派。

1. 符号主义

1944 年，赫伯•西蒙（Herb Simon）发表了他的观点，他认为，“任何理性的决定都可以看作在某些前提下得出的结论，因此，只要指定了决策依据的价值和事实前提，就可以控制一个理性人的行为”。这个观点为符号主义理论奠定了基础。符号系统基于如下假设：可以通过对符号的操作在许多方面实现智能的行为。这个流派的典型代表就是专家系统，即将符号规则用类似 if…then 语句进行连接，就可以使用人类可读的符号来处理规则，得出结论并确定需要哪些附加信息。20 世纪 60 年代，这种方法在一些小型演示中取得了巨大的成功，使基于控制论或人工神经网络（ANN）的理论几乎被遗忘。

2. 连接主义

上面提到了人工神经网络，其实它比符号主义更加久远，但直到 20 世纪中后期才被人们认识。连接主义是认知科学领域中的一种方法，其希望使用人工神经网络来解释心理现象。连接主义提出了一种认知理论，该认知理论基于同时发生的、分布的、可以量化的信号活动，通过经验调整连接强度来进行学习。连接主义的优点包括适用于多种场景、与生物神经元的结构近似、对先天结构的要求低，以及适度降级。但连接主义也包含一些缺点，如难以解释人工神经网络如何处理信息，以及由此带来的更高层次的现象解释难度。

3. 行为主义

行为主义又称为进化主义或控制论学派。行为主义的本质是探索世界的一种跨学科研究方法，包括研究结构、约束和可能性等。行为主义源于神经病学的一项研究，其认为大脑是一个以全有或全无脉冲发射的神经网络。20 世纪 40 年代和 50 年代，许多研究人员对此进行了研究，他们中的一些人制造了使用电子网络来展示基本智能的机器，如 W. Gray Walter 的海龟和 Johns Hopkins 的移动机器人。

其实上述 3 个流派的诞生时间都早于“人工智能”这个概念的诞生时间。1956 年，Marvin Minsky、John McCarthy 两位资深科学家组织了达特茅斯会议。在会议上，John McCarthy 说服参会者接受将“人工智能”这一名词作为一种领域的名称。这是“人工智能”领域首次获得名称，同时这一刻也被认为是现代人工智能的诞生时间。在这之后的若干年是一个大发现的时代，在这段时间里出现了一些令人惊讶的程序，计算机开始学会解决代数问题、证明几何定理，甚至学会说英语。研究人员有着强烈的乐观态度，并预测将在不到 20 年的时间内制造出完全智能的机器。然而在人们经过一段过于乐观的时期之后，最终在 1973 年，因詹姆斯・莱特希尔（James Lighthill）的批评及国会不断施加的压力，美国和英国政府停止了对人工智能无方向研究的资助，随后的艰难岁月被称为“第一次人工智能冬天”。

回顾这段历史我们不难发现，其实人工智能的发展并不是一帆风顺的，其中经过了数次轮回，其理论发展也几度起伏。各个流派都曾发挥过自己的优势，也表现出劣势，如今伴随着计算能力的突飞猛进，特别是图形处理单元（GPU）的大规模普及，经过第二次人工智能冬天后，我们迎来了第三次人工智能的发展高潮。其中深度学习（Deep Learning）无疑是最热门、最重要的一个发展方向，后面我们将探讨什么是深度学习，这也是本书的研究重点。

提到深度学习，不难想到经常和它一起出现的一个名词——大数据（Big Data），深度学习是构建在越来越快速、廉价的计算机硬件之上的，用来研究、处理海量数据的技术。相比于传统的方法，深度学习似乎具有一种不可思议的普适性，如在自然语言的处理和理解、图像识别等方面很快地击败了传统的研究方法，达到了可以实用的程度。而它所采用的方法和之前的先观察现象然后提炼规律、数学建模、模拟解析、实验检验、修正模型又有非常大的不同。以一个识别手写数字的过程为例，对其进行说明。通过观察我们认为，数字 9 是由上面的圆圈与一个与该圆圈右侧连接的向下的线段构成的，然后我们尝试用程序实现识别数字 9。当然这并不简单，就算我们实现了这个算法，在实际运用时也会迅速陷入一个混乱的、充满异常和特殊情况的泥潭中。

深度学习在处理这个问题时采用了完全不同的方式：选取大量的手写数字（称为训练示例），然后开发一个可以通过这些训练示例进行学习的系统。换句话说，神经网络使用这些训练示例来自动推断用于识别手写数字的规则。只需要增加训练示例的数量，神经网络就可以了解更多有关手写数字的信息，从而提高识别准确性。这个过程简单直接，也正是深度学习无可比拟的优点。这只是其中一个示例，当我们换用不同的场景时，如人脸识别或语音识别，使用的方法基本相同，区别只在于训练示例不同。我们可以在生物界中找到类似的例子，MIT 的科学家做了这样一个实验，将一个年幼的猴子的视觉神经和听觉神经剪断后相互交换再连接起来，这完全不影响猴子的视觉和听觉的发育。因此对于拓扑问题和几何问题，我们可以采取完全不同的计算工具和理论。

另外深度学习还有一个优点，相对于之前的研究方法，深度学习涉及的算法的数学理论相对简单，工程化的难度相对较低。算法对深度学习来说并不是那么重要，更加重要的是拥有庞大和完整的数据。因为越多的数据意味着越多的抽象和越高的精度，深度学习通过构建类似人类视觉中枢中层次的概念，可以抽象出具体的特征，被低层网络总结，而高层网络又能从低层网络中提取全局的抽象特征。因此深度学习通常可以将一些难以定性表达的事物抽象出来，如画作的风格、音乐的风格等。这些特征现在可以被类似于权重和偏移的东西量化，从而被识别、处理、转换和融合，如语音识别、人脸识别，这体现了深度学习无可比拟的实用价值，也为工业化、商业化提供了难以想象的广阔空间。

但也正因为此，深度学习存在巨大缺陷，具体如下。

首先，因为使用了大量的权重等进行抽象，深度学习对于人类来说难以理解，也无法被解释。另外从某种意义上来说，现在的深度学习更像一种分类，其通过对数据进行一些维度上的转换得出一个概率上的分布。因此这种方法揭示了现象与结果间的相似性而非因果关系。但因果关系才是人类现代科学的基石，单纯的相似性更像魔法而非科学，要想知道因果关系，还需经过深度提炼和总结。

其次，深度学习缺少通用性，深度学习一般是针对特定场景进行学习的。例如，针对人脸表情进行识别，其中涉及很多因素，如人脸的几十条肌肉角度、光源强度、视角的方向等。为了训练神经网络，我们通常需要构建数十万个维度，涉及的训练数据量巨大，耗费时间也较长。并且我们越追求结果的精确性就越缺少通用性，因为这些维度一般并不适用于其他场景。

另外，深度学习的理论性相对较弱，对经验性要求较强。参数的调节更像是一门艺术，而非工艺。和传统的方法相比，深度学习的算法收敛性更低。虽然深度学习在视觉领域取得了令人瞩目的成绩，但在其他方面（如数学推理），特别是在定理证明方面，深度学习就无能为力了，因为深度学习的算法体现的是现象与结果之间的相似性，而非本质联系，这导致深度学习的算法缺乏一个统一的世界观，如人类通过观察可以发现物质是受引力影响的，在没有外力支撑时都是会下落的。对于深度学习来讲，它可以通过训练知道苹果会从树上掉落，却不知道树叶也会掉落。这种推理是符号主义所强调的，因此如何结合深度学习和符号主义将是今后人工智能需要研究的方向。

符号主义采用模仿数理科学的方式，将知识系统地整理成公理体系。符号主义将数学严格公理化，从公理出发，由逻辑推理得到引理、定理、推论。广义而言，符号主义将数学发现整理成了一系列的逻辑代数运算，将直觉洞察替代为机械运算。实践表明，符号主义在初等几何领域、机械定理证明上取得了巨大成功。例如，吴文俊方法和 Groebner 基方法可以推演出几乎所有经典欧氏几何的定理，即以输入图形的关键点建立坐标，将已知的几何条件表示成代数方程（一般表示成关键点坐标的多项式方程），将结论的几何条件转化为多项式方程。因此定理证明即等价于验证多项式生成的结果在确定的范围。

和机械学习方法类似，机械定理证明将千奇百怪的几何定理证明方法都转化为一种方法，因此具有极大的普适性；同时，机械定理证明可以保证推导过程中出现错误的概率极小。人们一度相信，在计算机的帮助下，许多深刻的定理将会轻易被证明。

不过这里也存在机械主义推理的问题。

哥德尔的工作证明，对于任何一个公理体系，总存在一个客观真理，不被此公理体系包含。这在某种意义上意味着人类探索自然真理的过程是无限的。对于任何一个包含算术公理体系的公理体系，总存在一个命题，这个命题无论对错都和公理体系不发生矛盾。例如，我们知道有理数有无穷多个，实数有无穷多个，有理数可以和实数的一个子集建立双射，实数无法和有理数的子集建立双射，从这个意义上而言，有理数少于实数。那么，是否存在一个无穷数集，它的个数介于有理数和实数之间？这个问题的答案无论是有还是无，都不与现代数学公理体系发生矛盾。

另外，机械定理证明在根本上是“证明”了定理，还是“检验”了定理？

在数学历史上，对于一个著名猜想的证明和解答而言，答案本身并不重要，在寻找证明的过程中凝练概念、提出方法、发展理论才是真正目的所在。机械定理证明虽然验证了命题的真伪，但是无法明确地提出新的概念和方法，这背离了数学的真正目的。例如，地图四色定理证明，数学家将平面图的构型分成 1936 种，然后用计算机逐一验证，在这一过程中，没有新颖概念的提出。换言之，就是用机械蛮力替代了几何直觉。

需要注意的是，机械定理证明的前提是问题的代数化。

初等几何问题必须经过坐标化、条件和结论的代数化之后，才能运用理想理论来进行机械定理证明。但是，几何问题代数化本身可能就是最“智能”的步骤。例如，大量黎曼几何和低维拓扑中的命题无法被直接代数化。希尔伯特定理是说多元多项式环中的理想都是有限生成的，这一定理保证了 Groebner 基方法在有限步骤内停止，但是 Groebner 基方法在计算过程中消耗的空间有可能是超指数膨胀的，因此在现实中，对于复杂的定理证明，这个方法无法胜任。

另外，人类经常无法理解机械定理证明给出的结果，因此无法从中直接得到启迪。

迄今为止，机械定理证明尚未发现具有重大意义的、人类未曾知道的定理。

虽然上文提到了一些符号主义的局限性，但实际上，符号主义和深度学习是互相融合、互相帮助的。例如，对于棋类比赛来说，传统方法将棋类规则看作一个公理体系，利用逻辑推理加上空间搜索来进行推演。不过这会导致空间指数膨胀，如何减少这种膨胀就是问题关键。而“剪枝”（去掉多余无效的搜索路径）依赖于通过经验识别一些有意义的模式，这正是深度学习所擅长的。

世界是不完美的，虽然深度学习和符号主义各自都拥有一些缺陷，但并不能说深度学习这种方法是没有意义的。例如，人类虽然可以轻松识别不同人的脸部，但为什么能识别张三是张三而不是李四也是我们无法解释的。这其实就是我们的一种本能，人类神奇的地方就是产生了意识和智能。因此将大量这种类似本能的能力构建成一个具有相对统一标准的系统之时就是人工智能真正诞生之时。

1.3 深度学习的不同种类

深度学习一般可以分为三类：监督学习、无监督学习和强化学习。在本节中，我们将逐个讲解。

1.3.1 监督学习

监督学习，顾名思义就是需要人工参与，将数据预先打好标签后再进行训练的学习方式。我们以汽车图片的识别为例来介绍这个过程。

1. 数据集的创建和分类

假设有许多汽车和飞机的图片集（数据集），我们需要先人工标识出所有图片对应的种类，然后进行训练。为了验证算法的正确性和避免过拟合，我们将这些图片分为两部分，一部分（训练数据）用来训练算法，另一部分（验证数据）用来验证算法的识别准确度。

从数学的角度看，我们要在深度网络中找到一个合适的分类函数，函数的入参是图片，即一个矩阵，当图片是汽车时输出 1，否则输出 0。这个步骤我们叫作分类任务，这里为了简化问题，我们输出的结果为是或否。一般来说，输出结果也可能是一组值，例如，图片是汽车的概率（一个 0～1 的值），这个过程我们称为回归。

2. 训练

一个简化的训练过程是给定一个输出（一般包含多个参数），然后通过一个函数计算出一组数值，再通过一个规则得出一个输出节点。整个过程从左到右逐层计算，当遇到复杂问题时我们通常会通过添加层数来解决。

虽然得出了结果，但这个结果并不一定是正确的。因此需要将正确的结果反馈给网络来进行修正，此时可以使用一个称为成本函数（也称为目标函数、效用函数或适应度函数）的函数来量化这个偏差，然后将这个偏差从右到左反向传播给网络来对参数进行修正，这个过程称为反向传播。

针对每个训练项目重复训练动作，尽量最小化成本函数，即可达到我们理想的效果。数学中有很多模型可以达到这个效果，但一般最常用的是一个称为梯度下降的方法，下文会涉及具体的细节。

3. 验证

当训练完成后，我们需要检验刚才的结果，此时会用到另一部分数据集，即验证数据。根据验证出来的结果，我们可能需要调整刚才训练用的模型，如增加更多的参数、层数，使成本函数的结果更有效地反向传播等。然后重复训练和验证过程，这个过程可能会重复很多次。

4. 使用

当模型达到预期标准后，我们就可以将其部署到应用中了。

从上述内容可以看出，监督学习对数据集的要求比较高，并且一般需要大量的数据集才能训练出一个准确的模型。虽然训练模型的代价可能比较大，但是训练模型的结果是十分有价值的。例如，在医学中识别一个肿瘤是良性的还是恶性的就是一个很有价值的预测，我们为此付出的代价是值得的。

1.3.2　无监督学习

无监督学习不需要人为地为数据加上标签，但可以产生预期结果。无监督学习能自动分析数据尝试找出其中的模式，因此相较于监督学习，无监督学习具有更好的适应性和更广的应用场景，但也具有更高的难度。

如果你是一家购物网站的负责人，如何快速准确地发掘最近客户非常感兴趣的商品将是你非常关心的事情。如果有一个算法能自动分析订单情况，找出客户感兴趣的商品分类，我想这一定会使你非常开心。

我们经常在工业化场景中使用的无监督学习算法有以下几种。

- 自编码（Autoencoding）。
- 主成分分析（Principal Components Analysis）。
- 随机森林（Random Forests）。
- *K* 均值聚类（*K*-means Clustering）。

最近，无监督学习非常有潜力的发展方向是 Ian Goodfellow 提出的生成对抗网络。其原理是，创建两个神经网络并赋予它们不同的职责，一个用来生产欺骗对方的数据集，另外一个用来识别数据的真假。这种想法产生了一些惊人的成果，如可以通过字符串生成逼真图片的 AI 程序。

不过无监督学习也不是万能的，比如我们在进行分类时，被分类的对象之间必须是有内在联系的，不能是毫无关联的。另外需要有一定的模式可以用来区分这些对象。如果不满足这些条件，无监督学习也是无能为力的。

通过上面的描述我们可以了解到监督学习和无监督学习各有自己的优势和劣势。那么是否可以将这两种结合起来呢？基于此，半监督学习应运而生，半监督学习可以在相对于监督学习拥有更少量的标签数据集的情况下得到符合预期的训练结果，这样成本更低。这里有个例子可以说明这种情况，之前我们拥有一个自动分类的算法，在监督学习下每个类别大致需要 1360 个标签，而改成半监督学习之后每个类别需要的标签减少到 30 个。不仅所需标签的数量减少，能识别的类别也从之前的 20 个到扩展到 110 个。

因此在数据标签较少的情况下，即使不知道结果，也能预测可能出现的值和概率。

1.3.3 强化学习

强化学习类似于无监督学习，预测结果时也无须人为地为数据打上标签。不同之处是，强化学习在特定数据集的情况下，通过选择一系列的活动，学习获取最大化收益。所以这里比较重要的就是如何最大化预期目标（回报函数）。

而为了更深入地理解这个问题，同时解决这个问题，我们需要知道什么是学习。学习的本质，用一个成语可概括为举一反三。

以高考为例，高考的题目在上考场前我们未必做过，但在高中三年我们做过很多题目，懂解题方法，因此在考场上面对陌生问题也可以算出答案。机器学习的思路与此类似：利用一些训练数据（已经做过的题），使机器能够通过学习掌握数据规律（解题方法），从而分析未知数据（高考的题目）。

最简单也最普遍的一类机器学习算法就是分类。对于分类，输入的训练数据有特征、有标签。所谓的学习，其本质就是找到特征和标签之间的关系。因此当有特征无标签的未知数据输入时，我们就可以通过已有的关系得到未知数据的标签。

在上述分类过程中，如果所有训练数据都有标签，则为监督学习。如果所有训练数据没有标签，则为无监督学习，即聚类。但需要注意的一点是，监督学习算法并非全是分类，还有回归。

目前分类的效果普遍还是不错的，但是相对来讲，聚类就有些惨不忍睹了。本质原因就是，无监督学习本身的特点使其难以得到如分类一样近乎完美的结果。这也正如我们做题一样，答案（标签）是非常重要的，假设两个完全相同的人同时进入高中，一个正常学习，另一个做的所有题目都没有答案，那么高考时第一个人会比第二个人发挥得好。

这时各位可能要问，既然分类如此好，聚类如此不靠谱，那为何我们还要容忍聚类的存在？因为在实际应用中，标签的获取常常需要极大的人工工作量，有时甚至非常困难。困难到什么程度呢？例如，在自然语言处理（NLP）中，Penn Chinese Treebank 组织在两年里只完成了 4000 句话的标签标记。

这时有人可能会想，难道监督学习和无监督学习就是非黑即白的关系吗？有没有灰呢？灰是存在的。所谓的灰，也就是黑和白的中间地带，即半监督学习。对于半监督学习，其一部分训练数据是有标签的，另一部分训练数据是没有标签的，而没有标签的训练数据的数量常常大于有标签的训练数据的数量（这也是符合现实情况的）。隐藏在半监督学习下的基本规律是：数据的分布不是完全随机的，通过一些有标签的训练数据的局部特征，以及更多没有标签的训练数据的整体分布，就能得到可以接受甚至非常好的分类结果。

综上所述，深度学习的大致分类如表 1-1 所示。

表 1-1 深度学习的大致分类

算法分类	具体算法	应用场景
监督学习-分类	决策树	银行信用评估
	临近取样	人脸识别
	支持向量机	癌症晚期分类
	神经网络	手写数字识别、图片识别
监督学习-回归	线性回归	销量预测、价格预测
	非线性回归	销量预测、价格预测
无监督学习	K 均值聚类	人脸分类
	层次算法聚类	人脸噪音排除

1.4 人工智能的数学基础

大家肯定听过一句话，“数学是科学之母”。数学是对现实世界的抽象，可以将复杂的东西定性和量化。因此谈到人工智能肯定离不开数学，各种复杂算法的基础正是数学，因此要了解人工智能肯定要了解其中涉及的数学知识。但数学本身是一门十分复杂的学科，因此下面我们将从实用的角度介绍其与人工智能关联的部分。

1.4.1 线性代数：如何将研究对象形式化

线性代数是人工智能众多数学基础中非常重要的部分，它提供了对现实世界的一种抽象，将万物抽象成某些特征的组合，并将它们放置于一个统一的规则之下进行观察。因此线性代数不仅在人工智能领域十分重要，在现代数学和以现代数学为分析基础的学科中也是非常重要的。例如，量子力学领域也离不开线性代数。

线性代数中有两个非常重要的概念，分别是向量和矩阵。其中，向量可以看成 N 维世界中的一个点，而矩阵则可以理解为对这个点施加的转换操作。

我们可以用线性代数理论对一组线性方程进行简洁的表示和运算。例如，对于如下方程组：

$$\begin{cases} 4x_1 - 5x_2 = -13 \\ -2x_1 + 3x_2 = 9 \end{cases}$$

该方程组中有两个方程式和两个变量，可以为 x_1 和 x_2 找到一组唯一的解（除非方程组可以进一步简化，如第二个方程是第一个方程的倍数形式）。将该方程组转换成矩阵，可以简洁地写作：

$$\boldsymbol{Ax}=\boldsymbol{b}$$

式中

$$\boldsymbol{A}=\begin{bmatrix}4 & -5\\ -2 & 3\end{bmatrix},\ \boldsymbol{b}=\begin{bmatrix}-13\\ 9\end{bmatrix}$$

从几何意义上理解就是，一个点经过一次旋转和拉伸后获得一个新的坐标，求该点的原始坐标。

对人工智能而言，线性代数就是将原先一组抽象的集合对象，通过某种变换重新划分，将其中具有某种相同特征的对象划分为一组。

线性代数之于人工智能如同加法之于高等数学，是一个基础的工具集。人工智能在应用过程中需要用到矩阵和向量的运算、矩阵的特征值和特征向量、矩阵微积分、二次函数或线性函数的梯度、Hessian 矩阵等知识，限于篇幅，本书不再一一展开。

1.4.2　概率论：如何描述统计规律

同线性代数一样，概率论也代表了一种看待世界的方式，其关注的焦点是无处不在的可能性。概率论的代表学派主要有两个：一个是认为先验分布是固定的、模型参数需要靠最大似然估计得出的频率学派；另一个是认为先验分布是随机的、模型参数需要靠后验概率最大化计算出来的贝叶斯学派。正态分布是最重要的一种随机变量分布方式。

将同一枚硬币抛掷 10 次，其正面朝上的次数可能为 0，也可能为 10，换算成频率分别对应着 0%和 100%。硬币正面朝上的出现频率显然是随机波动的，但如果增加试验的次数，特定事件出现的频率值（如硬币正面朝上的概率）就会呈现出稳定性，并且逐渐趋近于某个常数（如硬币正面朝上的概率趋近于 50%）。

通过事件发生的频率认识概率是频率学派的做法，频率学派中的“概率”，其实是一个可独立重复的随机实验中单个结果出现频率的极限。因此通过重复大量的独立实验，最后求出某事件发生的可能性是一种合理的思路。

在概率的定量计算上，频率学派依赖的基础是古典概率模型。在古典概率模型中，实验的结果只包含有限个基本事件，且每个基本事件发生的可能性相同。假设所有基本事件的数目为 N，待观察的随机事件 A 中包含的基本事件数目为 K，则古典概率模型下事件概率的计算公式为：

$$P(A)=K/N$$

根据这个基本公式可以推导出复杂的随机事件的概率。

前文的概率定义都是针对单个随机事件的，但如果要刻画两个随机事件之间的关系，这就需要引入条件概率的概念。

条件概率是根据已有信息对样本空间进行调整后得到的新的概率分布。假定有两个随机事件 A 和 B，条件概率就是指事件 A 在事件 B 已经发生的条件下发生的概率，用如下公式表示：

$$P(A \mid B)=P(AB)P(B)$$

式中，$P(AB)$称为联合概率，表示的是 A 和 B 两个事件同时发生的概率。如果联合概率等于两个事件各自发生概率的乘积，即 $P(AB)=P(A)\cdot P(B)$，则说明这两个事件的发生互不影响，即两者相互独立。对于相互独立的事件，其条件概率就是事件本身发生的概率，即 $P(A|B)=P(A)$。

具体到人工智能这一应用领域，基于贝叶斯学派的各种方法与人类的认知机制吻合度更高。因为一般来说复杂的事件都有一定的偶然因素，因此研究其发生的概率可以提高人工智能得出结论的准确性，概率论在机器学习等领域扮演着重要的角色。

1.4.3 数理统计：如何以小见大

和其他数学基础一样，人工智能研究中的数理统计同样不可或缺。基础的统计理论有助于对机器学习的算法和数据挖掘的结果做出解释，只有做出合理的解释，才能够体现数据的价值。数理统计根据观察或实验得到的数据来研究随机现象，并对研究对象的客观规律做出合理的估计和判断。

虽然数理统计以概率论为理论基础，但两者之间存在方法上的本质区别。概率论应用的前提是随机变量的分布已知，根据已知的分布来分析随机变量的特征与规律；数理统计的研究对象则是分布未知的随机变量，研究方法是对随机变量进行独立重复的实验，根据得到的结果对原始分布做出推断。

在一定程度上可以将数理统计看成逆向的概率论。数理统计的任务是根据可观察的样本来推断总体的性质；推断的工具是统计量，统计量是样本的函数，是随机变量；参数估计通过随机抽取的样本来估计总体分布的未知参数，包括点估计和区间估计；假设检验通过随机抽取的样本来接受或拒绝关于总体的某个判断，常用于估计机器学习模型的泛化错误率。

对于人工智能而言，分析计算结果和标注数据之间的差值，从而反向调整计算参数是十分重要的。

1.4.4　最优化理论：如何找到最优解

从本质上讲，人工智能的目标就是最优化，在复杂环境与多体交互中做出最优决策。几乎所有人工智能问题最后都会归结为最优化问题，因而最优化理论是人工智能的必备基础知识。最优化理论研究的问题是判定给定目标函数的最大值（最小值）是否存在，并找到令目标函数取到最大值（最小值）的解。如果把给定的目标函数看成一座山脉，最优化的过程就是判断顶峰的位置并找到到达顶峰路径的过程。

通常情况下，最优化问题是在无约束情况下求解给定目标函数的最小值。在线性搜索中，确定寻找最小值的搜索方向时需要使用目标函数的一阶导数和二阶导数；置信域算法的思想是先确定搜索步长，再确定搜索方向；以人工神经网络为代表的启发式算法是另外一类重要的优化方法。

关于最优化，著名的数学家 Euler（欧拉）曾说过，宇宙间万物都遵循某种最大或最小准则。这实际上就是说，最优化无处不在。实际上，根据达尔文的进化论，大自然的万物遵循着“优胜劣汰”的法则，即在给定约束条件（如气候、能源、地理条件）下，朝着最适应的方向进化。例如，猎豹进化出的身体结构使它奔跑起来具有最优的爆发力；海豚的体表是光滑优美的曲面，而不是任意生成的坑坑洼洼的噪声曲面。

形象地说，最优化相当于盲人爬山。盲人爬山是为了登上山顶，而最优化是为了求取极小值或极大值。盲人在登山时，只知道脚下的情况（如当前所在位置、倾斜的坡度），看不见其他地方的情况。最优化在求取极值时，只知道当前点的信息（如函数值大小、一阶导数梯度的大小和方向），不知道其他点的信息。此外，除了一阶导数信息，还可查看二阶导数 Hessian 矩阵，若矩阵正定（负定），则当坡度为 0° 时，地面是下凹的，即位于谷点。

1.4.5 信息论：如何定量度量不确定性

近年来的科学研究不断证实，不确定性就是客观世界的本质属性。不确定性只能使用概率模型来描述，这促成了信息论的诞生。

本质上信息论和密码学是一回事。密码学的本质也是使信息从一处向另一处转移，只不过对信息施加了保护而已。

信息论的诞生背景，恰好是二战时盟军破译德国情报部门的 Enigma 密码。密码系统的特点是什么呢？就是需要使用密钥。密钥可能是某个词、某本书或更复杂的东西。但不管是什么，它都是发送者和接收者共享的一个字符的来源。香农认为密码系统由以下几部分组成：有限数量的可能讯息（有可能极大，如所有中文能表达的意思）、有限数量的可能密文，以及两者相互转换所用的有限数量的密钥，每个密钥都有相应的出现概率。

信息论中的信息和日常用语中的信息意思有所差别，香农将信息中的“意义”进行了剥离。举例来说，在信息论中，red 仅仅是由 r、e、d 这 3 个字母组成的字符而已，至于其所代表的“红色”，不是信息论关注的内容。

信息传递的过程（通信系统）包括以下 5 个要素。

- 信源：产生信息的实体。
- 发送器：对信息执行某种操作（编码），以得到适当的信号。
- 信道：传输信号使用的媒介。
- 接收器：执行发送器的逆操作（解码），从信号中提取出信息。
- 信宿：接收信息的实体。

以你我谈话为例，其对应关系如下。

- 信源：我。
- 发送器：我的声带。
- 信道：空气。
- 接收器：你的耳朵。

- 信宿：你。

此外，在香农的理论中，还有一个概念——噪声。

噪声涵盖一切会削弱信号的东西，如多余的附加信号、明显的错误、随机干扰等。这些噪声有的可以事先预测，有的不可以事先预测。

如果想要在一个信道上传递更多的信息，工程师的做法往往是增大信源的输出功率。但是，这种方法存在问题。因为一次又一次地放大信号，只会导致噪声逐渐积累。

对此，香农提出的解决方法是，用额外的符号进行纠错。举例来说，write 和 right 的发音相同，当单一传送语音 write 的时候，接收方并不知道是 write 还是 right。但如果传送 write with your hand，接收方就会明确所传信息是 write。这就是用额外的符号进行纠错的方法。

但香农的贡献并不止于此，他将统计概率融入了信息论的结构中，彻底确立了信息论应用数学的属性。香农发现，每条信息与下一条信息间的关系不是确定的，而是由一组概率决定的。举例来说，在发送英文信息时，t 后面出现 h 的概率比出现 q 的概率高，因为 th 是英文中常见的字母组合，而 tq 不是。这就是信息的“统计结构”。

我们就来到信息论的核心：如何计量一个信息的信息量？

香农进一步得出结论，信息量=不确定性=选择。

以英语为例，英语中有 26 个字母，每个 2 字母单词的生成，实际上就是在 26 个字母中选择两个字母。例如，at 就是从 26 个字母中先选出 a，再选出 t。也就是 at 这个单词消除了第一个字母的 26 种可能的不确定性和第二个字母的 26 种可能的不确定性。因此，一个信息的作用就在于消除其不为人知时所存在的不确定性。这也就是“信息量=不确定性=选择”结论的由来。

对此，香农在信息论中使用“信息熵”的概念，对单个信源的信息量和通信中传递信息的数量与效率等问题做出了解释，并在世界的不确定性和信息的可测量性之间搭建起一座桥梁。

自信息衡量的是信源符号的不确定性。信源符号出现的概率越大，自信息越小；反之，自信息越大。若信源符号 s_i 出现的概率为 p_i，则 s_i 的自信息记为 $I\left(s_i\right)$：

$$I\left(s_i\right)=\log\frac{1}{p_i}=-\log p_i$$

信息熵是信源符号的平均信息量，记为 $H(s)$：

$$H(s)=\sum_{i=1}^{n}p_iI(s_i)$$

此外还有条件自信息、条件熵、互信息、联合熵等多种数学模型。

1.4.6 形式逻辑：如何实现抽象推理

人工智能是在 1956 年的达特茅斯会议上诞生的。在人工智能的襁褓期，约翰·麦卡锡、赫伯特·西蒙、马文·闵斯基等图灵奖得主的愿望是“（人类）学习的每一方面、智能的任意一种特征，在原则上都能够被精确描述，这种学习和智能可以由机器来模拟。”通俗地说，理想的人工智能应该具有抽象意义上的学习、推理与归纳能力，其通用性远远强于解决国际象棋或围棋对战等具体问题的算法。

形式逻辑中包括以下一些基本的逻辑学名词：概念、内涵、外延、欧拉图、肯定概念、否定概念、反对关系、矛盾关系、命题、性质命题、关系命题、负命题等。

概念是通过语词来表达的，一个概念可以用多个语词表达，一个语词也可以表达多个概念。

概念可以反映对象的属性，也可以反映具有这种属性的对象，因此概念有明确的内容和确定的范围，这两方面分别构成了概念的内涵和外延。

概念的内涵主要回答“对象是什么”，表达概念中的对象的属性。

概念的外延主要回答“对象有哪些”，指向所有具有概念反映的属性的对象，通常称为概念的适用范围（用欧拉图表示）。

肯定概念是反映对象具有某种属性的概念。

否定概念是反映对象不具有某种属性的概念。

否定概念的外延是无限大的，其中存在和肯定概念同类的对象，这些对象和肯定概念的外延构成论域。“科学”是肯定概念，“非科学”是否定概念。这里“科学”和“非科学”构成“学”这个论域。“科学”和“非科学”是矛盾关系。“非科学”是指“不是科学”，不是指“伪科学”。因此，明确概念很重要。

以对象的一定性质（不是关系）为标准，将一个属概念分成若干个概念，可以达到明确其外延的目的。

概念外延的矛盾关系：$c = a + b$ 。

概念外延的反对关系：$c > a + b$ 。

命题就是对对象属性的陈述，是陈述句。属性有性质和关系，命题有性质命题和关系命题，命题非真即假，我们来看以下示例。

白马是白色的马（性质命题）。

轿车是车，轿车不是货车（性质命题）。

汽车含有轮胎，并非轮胎含有汽车（关系命题）。

公交车大于轿车，不是轿车大于公交车（关系命题）。

负命题是对一个命题否定后形成的命题，如：并非轮胎含有汽车。

任一对象都具有性质及与其他对象的关系，这些性质和关系是对象的属性，这些属性是可以被人认识，并用语言表达出来的。

如果我们将认知过程定义为对符号的逻辑运算，那么形式逻辑就是人工智能的基础。谓词逻辑是知识表示的主要方法，基于这个方法的系统可以实现具有自动推理能力的人工智能，而不完备性定理则挑战“认知的本质是计算”这一人工智能的基本理念。

在人工智能领域，形式逻辑的变现一般都是用一阶谓词和集合推理来做机械定理证明和知识推理的，这部分内容可以参考相关的离散数学图书。

1.5　人工智能的应用场景

重新审视人工智能的定义，人工智能从字面意义上看就是人类创造的智能。我们正试图创造出一种更有效的工具来推动人类进步，虽然这一进程才开始不久，但它已经在语言识别、图像识别、自然语言处理等方面显示出了巨大的潜力。

虽然有时候我们感觉不到人工智能的存在，但人工智能的身影确实已经在智能家居、移动设备、智能辅助驾驶汽车领域出现。由于媒体的夸大，以及人工智能在普通人眼中充满了神秘感，人们觉得人工智能似乎无所不能。

当我们仔细审视人工智能时会发现，人工智能是一门构建于数学基础之上的严谨学科，借助于最近人类计算能力的巨大增长，这门有着百年历史的学科才得以出现巨大的飞跃。人工智能的发展其实借鉴了人类对自身经验的总结和人脑研究的结果，现在流行的人工智能系统大部分都拥有类似于人类神经元网状结构的体系，其通过调整类似于神经元间的连接的强度来进行学习。在目前阶段，人工智能的强项是在大数据下的模式识别，通过神经网络，人工智能在语言翻译、简单逻辑推理和图像识别生成方面发挥了巨大的作用。未来人工智能更会像电能一样给我们提供全方位的巨大便利。

但我们也要看到人工智能的不足，现代计算机最强大的地方正是其计算能力，但也缺少人类大脑那样强大的感知和协调能力。当我们看到一只猫的时候能很快辨别出其种类，并且能举一反三识别出其他种类的猫。这个过程在我们眼中虽然理所当然，却是生物经过亿万年进化的结果。

机器需要借助复杂的模型和大量的数据才能获得一个简单的感知和辨识能力。例如，现在经典的神经网络和深度学习就是参考了人类神经网络，构建了一个包含输入层、输出层和隐藏层的一层接一层的复杂模型，然后在监督学习的方式下实现了图像识别和自然语言处理等其他感知任务。我们看到的图像被处理成一串一串的数字传递给输入层，然后经处理后一层一层往下传播，每层都有自己的作用。例如，第一层识别猫的轮廓，下一层检测猫的眼睛，再下一层检测猫的腿部，最后将这些信息组合起来判断所传入的图像是不是一只猫。当然实际的例子并不是这么简单的，用到的层数可能非常多。但正是通过这样的分层处理可以达到复杂的模式识别的效果。

对于深度学习来说，我们通过大量被打上标签数据集就可以训练出能识别图像、语音、视频、文本和音乐的模型，并且得到了很好的效果。但打上标签的工作需要人工完成，且体量巨大。使用图像对神经网络进行训练后，它就能记住数据和标签间的关系，并且对未见过的图像也能分辨，这样系统就能对各种图像进行识别。语音识别和文本识别也可以采用类似的方法，并且已经被证明非常有效。现在我们可以看到人工智能在某些领域（如无人驾驶汽车和医学影像识别等）有不少应用。并且随着半监督学习和无监督学习技术的推进，需要人工标注的数据集的需求已经减少。通过海量数据对神经网络进行训练的效率得到了大幅提高。

概括来说，当前人工智能技术原理是：将大量的数据、超强的运算处理能力和智能算法结合起来，构建成一个面向解决特定问题的模型，从而使程序能够从数据中学习潜在的模式或特征，模拟人类的思考方式来解决特定的问题。

下面介绍 3 个人工智能研究领域重要的应用场景。

1. 机器学习自动化分析建模

为了研究一些复杂的科学问题，数据科学家通常需要创建大量的机器学习模型，配置参数并设计算法。在这种情况下，手动搭建模型并实施，无疑是一件非常痛苦的事情。如果机器能自动化地创建模型，无疑为数据科学家提供了巨大的帮助，使数据科学家能摆脱重复和耗时的任务（如详细参数设置和调试），加快研究进度。有时在这方面人工智能做得更好，它能让数据科学家更专注于后面的数据分析和得出结论。因此人工智能不会取代数据科学家的地位，并且会提升数据科学家的工作效率，减轻其压力，帮助他们快速建立模型和验证模型的正确性。这也是一种人类使用人工智能非常好的良性循环场景。

2. 深度学习领域

深度学习是机器学习中非常大的一个分类，它基于神经网络构建，分为监督学习、半监督学习和无监督学习。深度学习通常使用一个多层网络来加工原始的数据，抽象出其中的特征。其中每层都将输入转换为更抽象的表现。深度学习中的深度是指转换所经过的层数。更准确来说，是分配路径深度。虽然没有明确的定义，但一般深度学习的分配路径深度大于 2。通过这种逐层抽象的方式，深度学习可以学习大量数据从而总结出数据中的规律，抽象出其中的特征。如果其他的数据也满足这种特征，那么就可以识别出来。深度学习比较适用于以下场景。

- 计算机视觉：这是计算机分析图像的能力，类似于人类的眼睛。通过模式识别和深度学习，计算机可以识别图像或视频中的内容。这样计算机可以对实时捕捉的图像或视频进行分析，并解读周围环境。无人驾驶技术就是利用计算机视觉感知周围环境、识别并计算可行驶区域和行驶路径的，其原理是通过识别图像中的各种对象特征，建立标签，这需要对海量图像进行学习。不仅是无人驾驶，安防监控等领域也是使用计算机视觉对人的脸部特征或其他目标进行识别的。

- 语音识别：这是计算机分析、理解和生成人类语言和语音的能力。运用语音采集技术和方法，对音频中的内容进行提取和识别，实现将语音实时转换成文字的功能；语音文字转换的下一阶段是自然语言交互，人们可以使用日常语言与计算机进行交流，执行任务。自然语言交互也是人工智能语音助手和语音控制交互技术的基础。

- 机器翻译：机器借助深度学习的抽象能力，通过一层一层提取语义特征，学习人类正常对话，可以将某种语言的语句翻译成符合另一种语言语法且能够被人类理解的语句。这方面最典型的应用就是 Google 在线翻译，其通过深度学习大大提高了翻译的准确程度。

- 情感识别：在深度学习之前一般只能通过调查问卷等方式了解大众对某些新闻的态度

和反应，这样调查范围受限，且相对时效性较低。通过深度学习，分析新闻网站、社交媒体、论坛等平台的评论中的个人情感，能扩大受众范围，增强时效性。

- 医疗诊断：医疗是一个十分依靠经验的领域，但一般一名医生接触的病例数量相对有限。通过深度学习对各个阶段的肿瘤诊断的医疗图像数据进行学习，识别恶性肿瘤，可以大大提高医生诊断的准确性。

3. 认知计算

认知计算是人工智能领域的子领域，它的最终目的是希望人工智能实现类似人与人之间正常对话的能力。不仅能理解类似于公式化的对话，还能理解图像和语音的含义，达到或接近人类自然对话的水平。目前是通过神经网络和深度学习的方式来搭建认知计算的，通过类似于人类推理的过程来模拟人类的思考。因为正常对话本身是不定向的，所以涉及机器学习、视觉、自然语言处理和人机交互等很多学科。目前最成功的例子是 IBM 创建的 Watson 人工智能，它在美国的一个知识竞赛的节目上首次击败了人类，从而展现了它非凡的实力。同时 Watson 人工智能将认知计算能力通过 API 的方式提供出去，为其他的组织或个人提供了语音翻译、语音识别、图像识别的能力。

就如人类的智慧并不只是人类大脑这么简单一样，人工智能也是构建在很多学科之上的综合学科。目前人工智能的快速发展主要基于以下三方面的成果。

- 硬件：就如身体对于人类非常重要一样，只有拥有强大的计算能力才可以满足人工智能的快速发展，特别是 GPU 这个本来为游戏而开发的硬件，被发现在人工智能方面具有巨大潜力。与 CPU 不同，GPU 更加强调并行计算能力而不是控制能力。因此对于动辄由成千上万神经元构成的神经网络来说，GPU 提供了强大的动力。

- 通用算法：人工智能这么快流行起来，一个原因是软件方面的进步，在各种开源框架的支持下，各种人工智能应用如雨后春笋般出现，这个过程与软件发展过程类似。从开始的二进制编程到如今以 Java 为代表的高级语言出现，开发效能得以飞速提高。现在可以通过不同的语言快速地创建一个神经网络模型，并快速地检验其正确性。模型在训练完成后也能很方便地部署到包括嵌入式设备的各个平台和各种软件架构中。利用强大的计算机端或远程云计算平台训练模型，然后将其应用到无人驾驶汽车等受限硬件载体之中，已成为一个趋势。

- 信息化：随着互联网、物联网等的发展，信息化已势不可当，这为人工智能的发展提供了肥沃的土壤。有了大量的视频和音频素材，我们才能对数据进行标注和处理，同时产生了智能安防方面的需求。互联网拉近了国与国、人与人之间的交流，产生了大量文本信息和人们对不同文字之间的翻译需求。没有这些数据和需求，人工智能也不会如此快速地发展，而随着数据的爆炸式生产，相信未来人工智能的应用会越来越多。

不过目前来看，我们构建的人工智能模型主要针对的是特定场景，依赖的算法模型主要是分类特征提取等，还不具备人类那样横向拓展的能力。因此各个应用只能在特定场景下达到或超过人类的水平，总体来看能力是有限的。但人工智能的未来发展是有无限可能的，人工智能先知伊隆·马斯克、斯蒂芬·威廉·霍金和雷·库兹韦尔预测，到 2030 年，通过应用人工智能，机器将发展出自主意识，这将导致各种各样的良性、中立和可怕的结果。

- 良性结果：例如，霍金和其他几十个研究人员在 2015 年 1 月签署了一份请愿书，声称在不久的将来，人工智能驱动的机器可能会彻底消除疾病和贫困。
- 中立结果：库兹韦尔首先提出了技术奇点的概念，认为在 2030 年之前，人们可以上传他们的思想，将人与机器融合。
- 可怕结果：马斯克认为，在基于软件的霸主眼中，未来人类与家猫无异。而库兹韦尔则更进一步认为，如果赞同智能机器，则人类基本上会灭绝。

库兹韦尔在技术奇点理论中指出："计算机越强大，人工智能进步就越快。这是一个呈极端指数增长的时间轴，而现在我们正处于转折点，超过转折点，人工智能会创造有自主意识的机器人，或机器人称霸世界的时代。"这是库兹韦尔的想法，也是马斯克、霍金和其他许多人工智能科学家认同的事。根据他们的说法，到了 2045 年就会诞生有自主意识的机器。而我们今天就在这条征途之中，我们这代人将有幸见证从先进技术到人工创造意识的巨大飞跃。

第 2 章

人工智能的常见算法

在第 1 章中，我们介绍了人工智能的基本概念、应用场景等。本章我们将介绍人工智能领域中常见的几种经典算法。表 2-1 列出了人工智能领域的常见算法。

表 2-1　人工智能领域的常见算法

领　域	算法分类	算法名称
概率图模型	图模型算法	无向图
		有向图
	推断算法	近似推断
		精确推断
	学习算法	EM 算法
机器学习	无监督学习	玻尔兹曼机
		深度信念网络
		生成对抗网络
		变分自编码器
	监督学习	分类
		回归
		结构化学习
神经网络	前馈网络	卷积神经网络
		全连接网络
	图网络	—
	记忆网络	循环网络
		记忆增强网络

2.1 线性回归

线性回归是一个线性模型，它建立了因变量 Y（目标）与一个或多个自变量 X（输入）之间的关系。

训练数据是位于坐标系中的点，如图 2-1 所示，我们的目标是找到与训练数据轨迹最吻合的一条直线，将训练数据图形化表示。对于人而言，画一条直线很容易，但是我们该怎么训练人工智能画出这样一条直线呢？

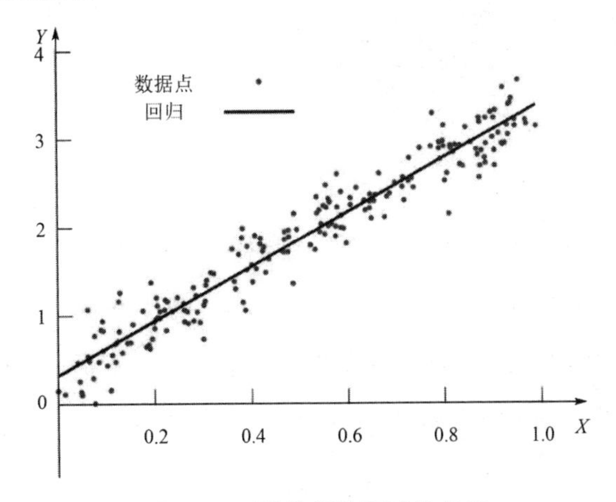

图 2-1　训练数据的图形化表示

我们先谈谈如何在图中绘制拟合线。在数学中，我们可以用如下线性方程表示图 2-1 中的数据。

$$y = mx + b$$

当 m 和 b 取不同数值时，我们就可以绘制出不同的图形，如图 2-2 所示。

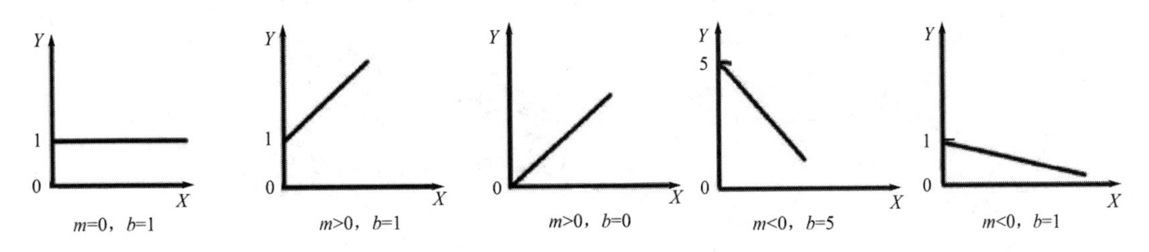

图 2-2　不同取值下的数据图形化表示

反过来说，若我们已知 m 和 b 的取值，该如何绘制精确的拟合线？

首先我们按照正弦曲线 $\sin x(-3 \leqslant x \leqslant 3)$的形式生成一批随机数据，数据在图上用圆点显示，如图 2-3 所示。

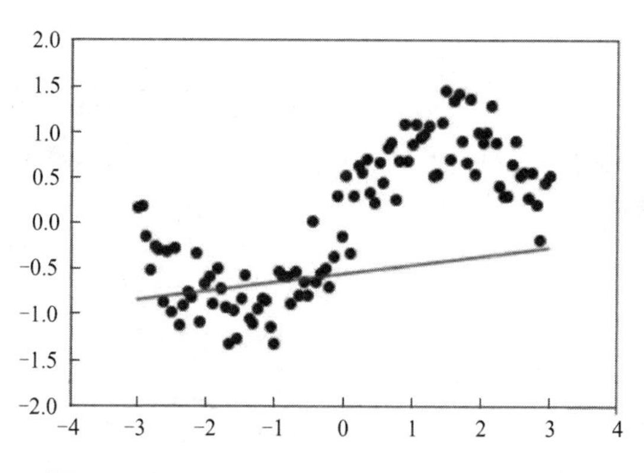

图 2-3　基于正弦曲线形式生成的一批随机数据

然后我们尝试用线性方程拟合上述随机数据点，画出图 2-3 中的直线。我们可以清晰地看出，这条线拟合数据的能力非常差，因此我们需要更改方程中参数 m 和 b 的取值以获得最佳拟合线。

那么如何改变拟合线的 m 和 b 的取值呢？我们可以使用统计学中著名的最小二乘法做参数值估算，参考如下公式：

$$m = \frac{\sum_{i=1}^{n}(x_i - \overline{x})(y_i - \overline{y})}{\sum_{i=1}^{n}(x_i - \overline{x})^2}$$

$$b = \overline{x} - m\overline{y}$$

我们用最小二乘法估算 m 和 b 的取值时，可以看到随着计算迭代，方程直线越来越能拟合绝大多数数据点，直到基本完全覆盖数据点，形成最佳拟合线，如图 2-4 所示。

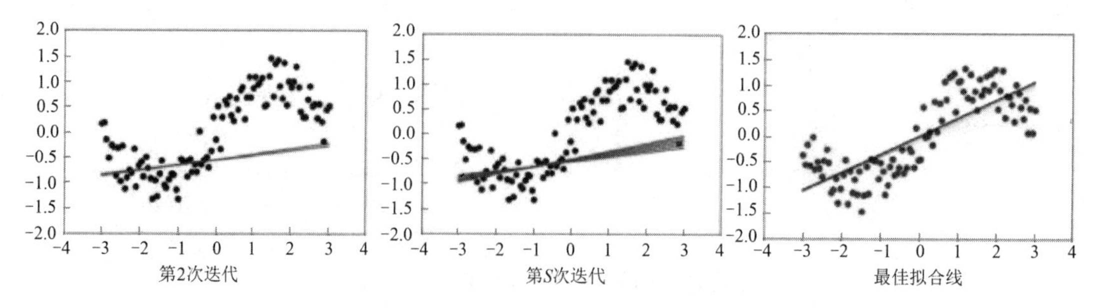

图 2-4　基于最小二乘法迭代找到最佳拟合线

以上是根据已有数据点绘制拟合线的过程，线性回归的魅力远不止于此，它还可以用来预测新数据。例如，我们可以根据房屋大小预测房屋价格，两者的历史数据如表 2-2 所示。

表 2-2　房屋大小和房屋价格的历史数据

房屋大小/平方英尺	房屋价格/万美元
1000	40
2000	70
500	25

对于只含有一维参数的回归关系，我们一般称之为一维线性回归，参照方程 $y = mx + b$，我们将 b 和 m 分别设为 θ_0 和 θ_1，那么该方程如下：

$$y = \theta_0 + \theta_1 x$$

假设预测房屋价格不仅取决于房屋的大小，还取决于房屋中房间的个数，房屋大小、房间个数和房屋价格的历史数据如表 2-3 所示。

表 2-3　房屋大小、房间个数和房屋价格的历史数据

房屋大小/平方英尺	房间个数	房屋价格/万美元
1000	2	50
2000	4	90
500	1	35

对于含有多维参数的回归关系，我们一般称之为多维线性回归，相应的方程如下：

$$y = \theta_0 + \theta_1 x_1 + \theta_2 x_2 + \cdots + \theta_n x_n$$

2.2　决策树

决策树是最常用的算法之一，也是入门门槛相对较低的一个算法，下面我们简短地对决策树算法做以介绍。

决策树算法常常模仿人类思考问题的方式来分析数据，即决策树算法对数据的处理逻辑是白盒子，很容易被人类理解。与此相对，SVM/NN 之类的算法都是黑盒子。

如果我们想分析银行能否给用户放贷，那么可以用如图 2-5 所示的决策树算法实现。

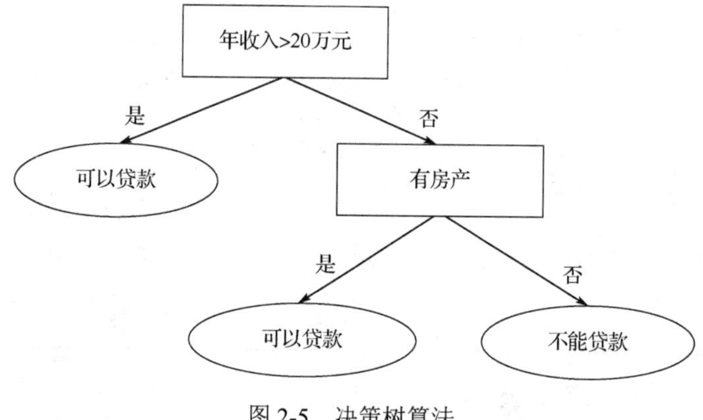

图 2-5　决策树算法

由图 2-5 可以看出，决策树算法是如此清晰明了和易于理解的。

那么，我们该怎么给决策树下一个定义呢？

决策树算法的结构是树形的，其节点表示特征（属性），链接（分支）表示决策（规则），叶子表示结果（分类或继续值）。算法核心是为所有数据创建决策树，并在每个叶子中处理单个结果（或最小化每个叶子中的错误）。用决策树给西瓜评级的过程如图 2-6 所示。

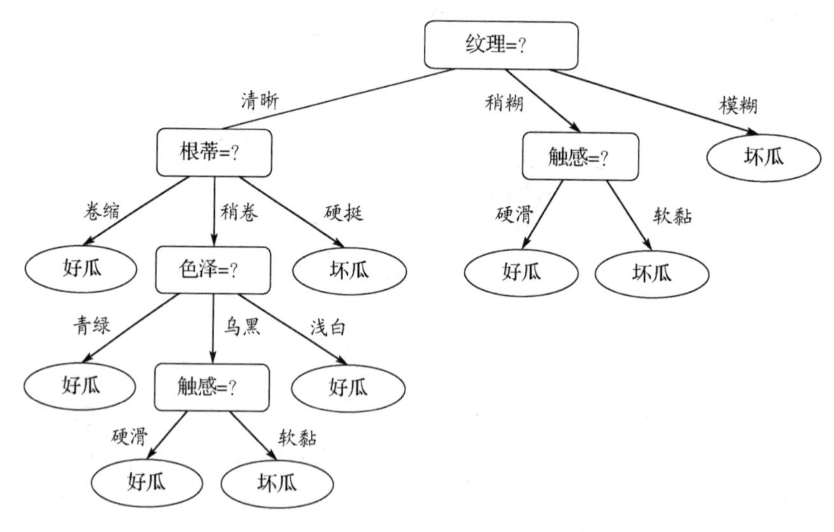

图 2-6　用决策树给西瓜评级的过程

从具体落地上来讲，决策树算法包括如下两种落地方案。

- ID3（Iterative Dichotomiser 3）算法：使用熵函数或信息增益作为测量基准。

- CART（Classification and Regression Trees）算法：使用基尼指数作为测量基准。

首先简单介绍一下 ID3 算法的基础知识。创建一个模拟的天气数据集，该数据集显示根据天气条件决定小朋友能否出去春游。

我们有 4 个用于分类的输入值（天气、温度、湿度和是否多云）、1 个输出值（是否春游），如表 2-4 所示。这就是机器学习中一个最典型的二分类问题，现在使用 ID3 算法构建决策树学习 x 和 y 之间的映射关系。

表 2-4　天气、温度、湿度、是否多云与是否春游之间的关系

天　气	温　度	湿　度	是否多云	是否春游
晴朗	高	高	否	否
晴朗	高	高	是	否
多云	高	高	否	是
多雨	适宜	正常	是	否
多雨	低	正常	否	是

要创建决策树，首先需要有一个根节点，我们知道上述数据有 4 个特征节点（天气、温度、湿度和是否多云），那么先选哪一个作为根节点呢？

答案就是针对每个特征尝试将其看作树的根节点，通过可能的决策树空间进行自上而下的搜索比较，最终确定分类训练数据的最佳特征。

那么我们如何认定某一个特征是最佳特征呢？

答案就是使用 ID3 算法中信息增益最高的特征。为了精确定义信息增益，需要先定义信息理论中常用的一种度量，即信息熵，用此来表示任意一组数据的信息纯度。

对于二分类问题，如果所有例子都是正数或负数，那么信息熵就是 0，即低；如果一半例子是正数，一半例子是负数，那么信息熵就是 1，即高。

接下来我们可以将这些信息增益指标应用到数据中以获取最佳根节点，算法步骤如下。

- 计算数据集的信息熵。
- 对于每个特征执行以下操作。
    - 计算所有分类值的信息熵。

- 获取当前特征的平均信息熵。
- 计算当前特征的信息增益。

- 选择信息增益最高的特征。
- 重复以上步骤，直到获取最佳根节点，并创建决策树。

接下来回到表 2-4 中的天气数据集，用如下算法来模拟计算天气数据集的信息熵：

$$H(S)=\sum_{c\in C}-p(c)\log_2(P)$$

对于每个特征，可以用上述算法循环计算信息熵和信息增益。得到 4 个特征的信息熵和信息增益值后，选择这 4 个计算结果中信息增益最高的特征作为最佳根节点，如表 2-5 所示。

表 2-5 不同数据维度的信息熵和信息增益

特　征	信息熵	信息增益
天气	0.693	0.247
温度	0.911	0.029
湿度	0.788	0.152
是否多云	0.892	0.048

接下来针对其余特征，重复上述算法直到得到整个决策树结构。

上面介绍了 ID3 算法，下面详细介绍 CART 算法。

CART 算法使用基尼指数作为指标，用于评估数据集中拆分的成本函数。我们的目标变量是二进制变量，这意味着它需要两个值（1 和 0），因此，目标变量的实际值和预测值共有 4 种组合。

- 实际值=1，预测值=1。
- 实际值=1，预测值=0。
- 实际值=0，预测值=1。
- 实际值=0，预测值=0。

用 P（目标变量=1）表示该取值的概率，根据概率论可以得到如下公式：

$$P(1)P(1)+P(1)P(0)+P(0)P(1)+P(0)P(0)=1$$

从上式中可推导出如下公式：

$$P(1)P(0)+P(0)P(1)=1-P(0)^2-P(1)^2$$

最终可推导出二元目标变量的基尼指数为：

$$1-\sum_{t=1,0}P_t^2$$

基尼指数的数学含义从直观上说就是，通过分割两个组中的类的混合程度，了解分割的好坏程度。数据完美分离时，基尼指数为 0，而最坏的情况是基尼指数为 0.5。

这个 0.5 是怎么得来的呢？对于二分类问题，可以通过如下公式计算出最坏情况下的基尼指数。

$$1-\left(\frac{1}{2}\right)^2-\left(\frac{1}{2}\right)^2=0.5$$

和上述的推导公式类似，如果目标变量是多维的分类变量，则目标变量取 k 个不同的值时，基尼指数为：

$$1-\sum_{t=0}^{k}P_t^2$$

当所有目标变量的概率均匀分布时，基尼指数取得最大值。也就是说，对于具有 k 种可能取值的变量，其基尼指数的最大值为：

$$1-\frac{1}{k}$$

在此我们总结一下，整个算法的计算流程如下。

- 计算数据集的基尼指数。
- 对于每个特征执行以下操作：

- 计算所有分类变量的基尼指数。
- 获取当前特征的平均信息熵。
- 计算特征的基尼指数。

- 选择基尼指数最大的特征。
- 重复以上步骤，直到得到想要的决策树。

2.3 支持向量机

支持向量机（SVM）可用于解决分类问题和回归问题，在本节中我们仅讨论分类问题。

对于同样的二分类数据集，SVM 在数据集分割上效果明显好于其他线性分类器，尤其是当数据集样本较小时。

图 2-7 是一个经典的基于 SVM 生成的二分类超平面，虚线是分割数据的线（我们在 SVM 中称其为决策边界），其他两条实线可帮助我们制作正确的决策边界。

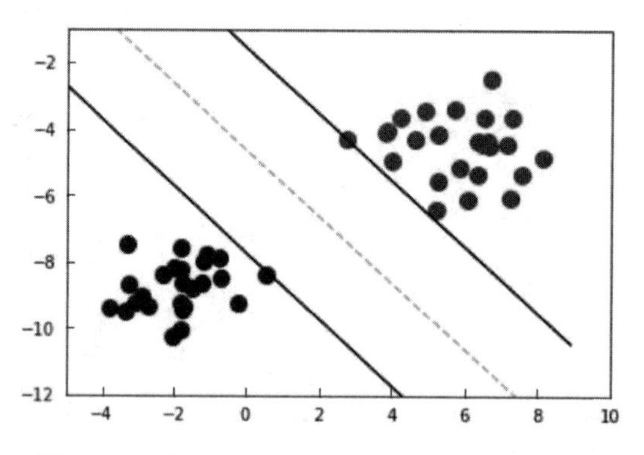

图 2-7 一个经典的基于 SVM 生成的二分类超平面

那么，什么是超平面？

答案是超过三维空间中的线（在一维空间中称为点，在二维空间中称为线，在三维空间中称为平面，超过三维空间为超平面）。

那么，从超平面的概念出发，SVM 与传统线性分类器有何不同？

分割数据的分类器有很多，其中能将不同类型的数据分割开，且使它们距离最远的分类器是 SVM。我们可以根据最接近决策边界的数据点来表示超平面，而这些点一般被称为支持向量，这也就是支持向量机的由来。

超平面方程空间与线方程空间的比较如图 2-8 所示，左边是超平面方程空间，右边是线方程空间。在数学本质上两者是相同的，它们是表达同一事物的不同方式，但是超平面方程对两个以上维度的数据集分类会更合适、更友好。

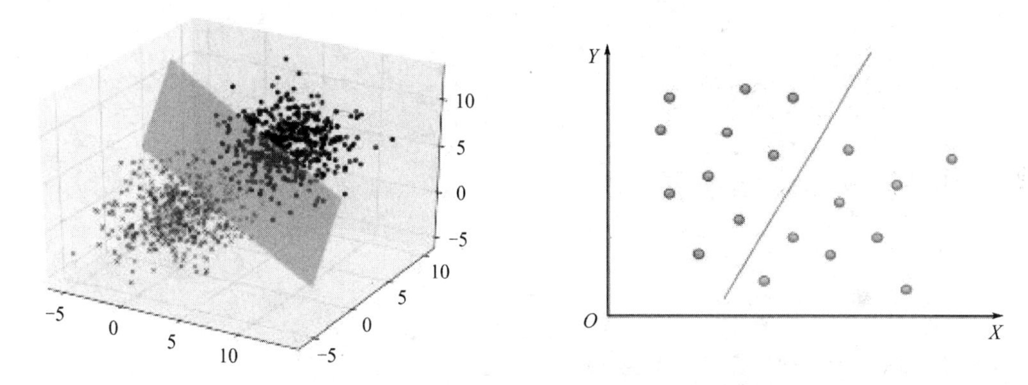

图 2-8　超平面方程空间与线方程空间的比较

因为我们想将测试数据集按照最大权重边距（边距是左超平面和右超平面之间的距离）进行切分，所以我们需要 SVM 超平面。

我们先学习一点基本的微分几何基础知识。

图 2-9 是一个简单的矢量图。矢量是一个具有幅度（长度）和方向的 n 维物理量，它从原点(0,0)开始。

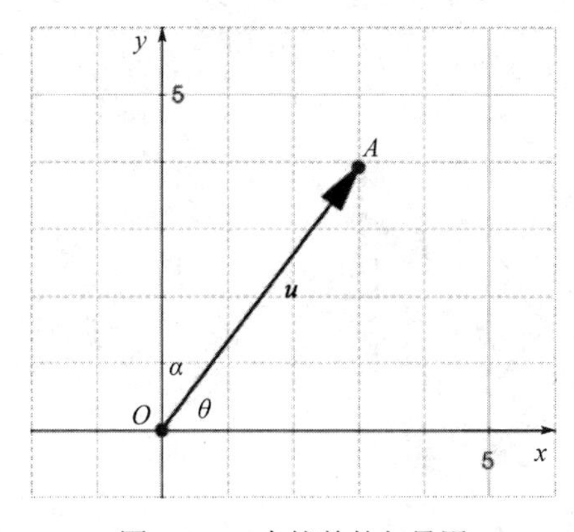

图 2-9　一个简单的矢量图

矢量 $\boldsymbol{u}$ 的大小或长度（O 点到 A 点的距离）写为$\|\boldsymbol{u}\|$，称为范数。

矢量 $\boldsymbol{u}$ 的方向由相对于水平轴的角度θ和相对于垂直轴的角度α定义。

在一个数据集的基础上，如何找到最佳超平面呢？我们应先定义数据集中任意一个点到最佳超平面的矢量：

$$\boldsymbol{w}\cdot\boldsymbol{x}+b$$

如果：

$$\boldsymbol{w}\cdot\boldsymbol{x}+b=0$$

那么我们得到的决策边界就是最佳超平面。

如果：

$$\boldsymbol{w}\cdot\boldsymbol{x}+b=1$$

那么我们得到+类超平面，其中所有正（x）点满足以下关系：

$$\boldsymbol{w}\cdot\boldsymbol{x}+b\geqslant 1$$

如果：

$$\boldsymbol{w}\cdot\boldsymbol{x}+b=-1$$

那么我们得到-类超平面，其中所有负（x）点满足以下关系：

$$\boldsymbol{w}\cdot\boldsymbol{x}+b\leqslant -1$$

下面让我们来观察一下图 2-10 中的两个超平面，它们都符合上述规则，那么在这两个超平面中选择谁更好？

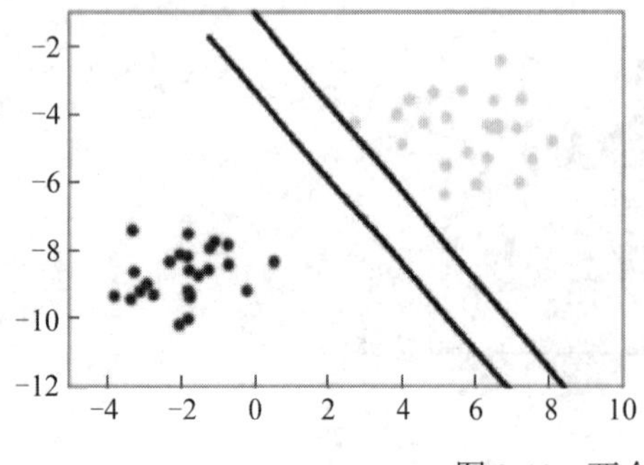

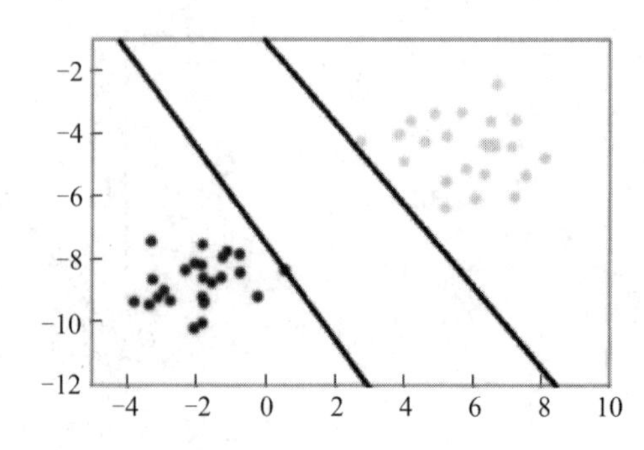

图 2-10　两个都符合规则的超平面 1

答案就是选择 **w** 更小的那个。如图 2-11 所示，左边的超平面的 **w** 更小，所以分类效果更好。

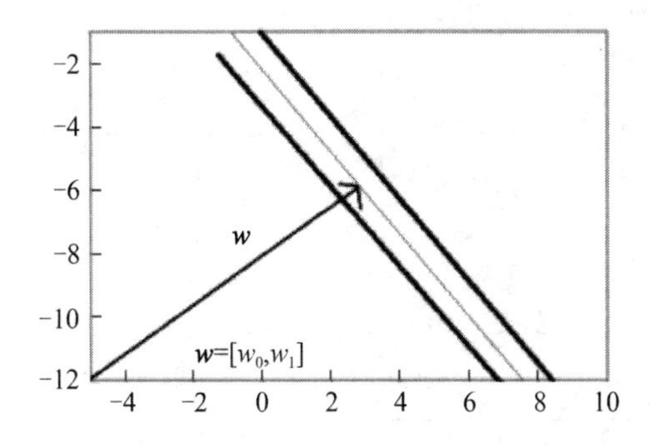

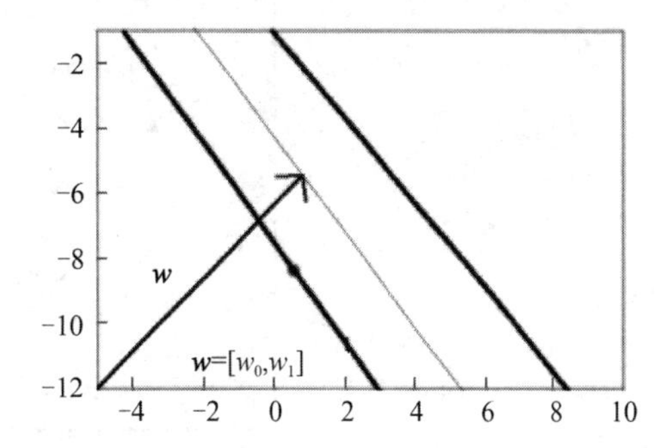

图 2-11　两个都符合规则的超平面 2

接下来，不断迭代数据集中的所有数据点，在每一轮迭代中保存上一轮通过方程计算出的 **w** 和 b 值并接着迭代计算调整参数，从数学角度看，这是一个凸优化问题，多轮迭代之后会得到全局最小值。

一旦得到全局最小值，我们就得到了整个数据集中的最优超平面。在这个最优超平面的基础上，如果给出一个未知数据点，我们就可以通过超平面预测这个数据点是正类还是负类。

2.4　*K* 近邻算法

K 近邻算法常用于回归和分类问题，该算法的优点是不需要训练，整个数据集可以直接用于预测/分类新数据。

K 近邻算法就是在给定一个训练数据集的情况下对新输入实例的类别进行预测，具体做法是，在训练数据集中尝试找到与该实例最邻近的 *K* 个实例（*K* 个邻居），如果这 *K* 个实例中的多数归属于某个类，则当前输入实例就属于这个类。

假设我们有两类样本数据，分别用正方形和三角形表示，待分类的数据的处于图的正中间，用圆形表示，如图 2-12 所示。

我们面临的问题就是如何给这个圆形分类，它属于正方形还是三角形？

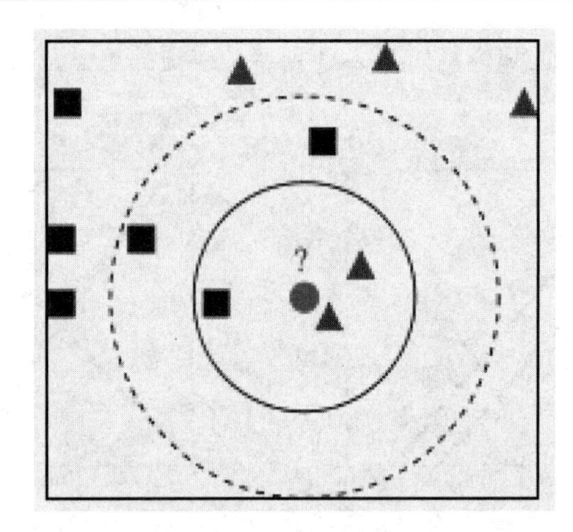

图 2-12　K 近邻算法解决的数据集

如何确定呢？相信大家肯定听说过“物以类聚，人以群分”这句话。通过观察某个人周围的朋友，我们可以大致判断出这个人是什么样的人。同理，要判别图 2-12 中的圆形属于哪个类，可以从它的邻居下手。但如何确定这个范围呢？

如果选取 K=3，圆形周围有 2 个三角形和 1 个正方形，基于统计的方法，即少数从属于多数，所以判定圆形归属于三角形一类。

同理，如果 K=5，因为 3 个正方形多于 2 个三角形，我们判定圆形归属于正方形一类。

从上面的例子可以看出，K 近邻算法的核心思想就是依据统计学的理论，观察数据所在的位置特征，计算周围邻居的权重，以此判断新的数据属于哪一类。

2.5　人工神经网络

通过前面几节我们已经了解了很多传统机器学习算法，既然有这么丰富的机器学习算法，为什么还需要再“深度学习”？

深度学习胜于机器学习的理由如下。

- 当我们拥有大量数据（标注或未标注）时，深度学习的学习能力远远优于浅层学习。
- 在涉及文本、声音或图像的任务中，深度学习具有比机器学习更先进的性能。

❍ 在计算机视觉、NLP 和语音识别等领域中，特征工程需要巨大的工作量，如果使用深度学习，就无须花费太多时间在特征工程上。

下面让我们了解一些有关神经网络的基础信息。

首先我们应了解什么是神经元。

所谓神经元，就是计算单元，它接收不同的输入，按照不同的权重求和，最后通过非线性数学函数做一些计算并产生输出，其数学模型如图 2-13 所示。

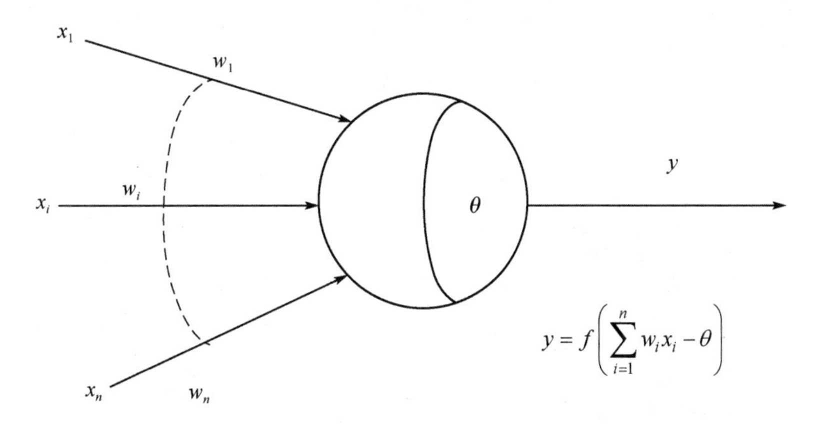

图 2-13　神经元数学模型

上述非线性数学函数就是常说的激活函数。

需要注意的是，当没有激活函数的时候，神经元求和的输出结果是一个连续变量，从正无穷到负无穷，这么大范围的取值并不适合进行迭代计算，所以如果我们想限制输出结果的取值范围，就需要使用激活函数。

激活函数压缩输出值并在一个较窄的范围内产生一个特征值（基于激活函数的类型不同，该范围各有不同）。图 2-14 是三种主流的激活函数（Sigmoid 函数范围为 0～1，Tanh 函数范围为-1～1，ReLu 函数范围为 0～+∞）。

以上是关于神经元的介绍，以下我们介绍什么是神经网络。

神经网络是由不同的层(每层具有一组神经元)顺序堆叠在一起而形成的,如图 2-15 所示。其中，每一层的输出是下一层的输入。

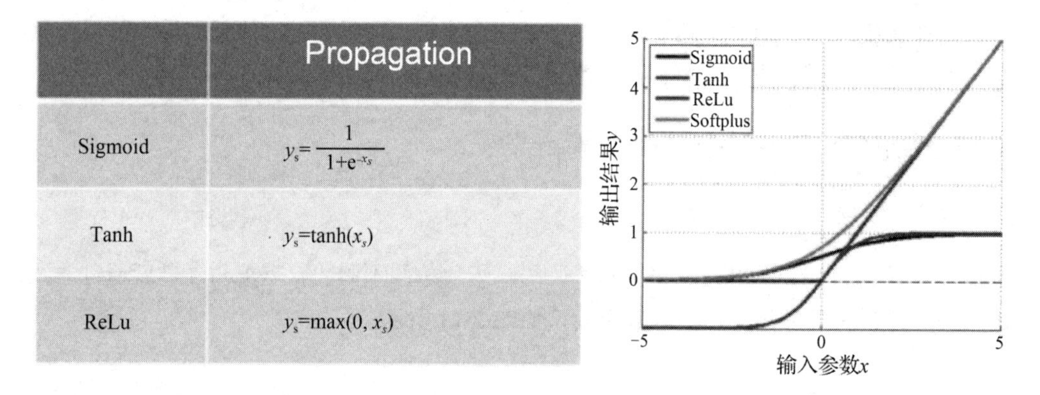

	Propagation
Sigmoid	$y_s=\frac{1}{1+e^{-x_s}}$
Tanh	$y_s=\tanh(x_s)$
ReLu	$y_s=\max(0, x_s)$

图 2-14　三种主流的激活函数

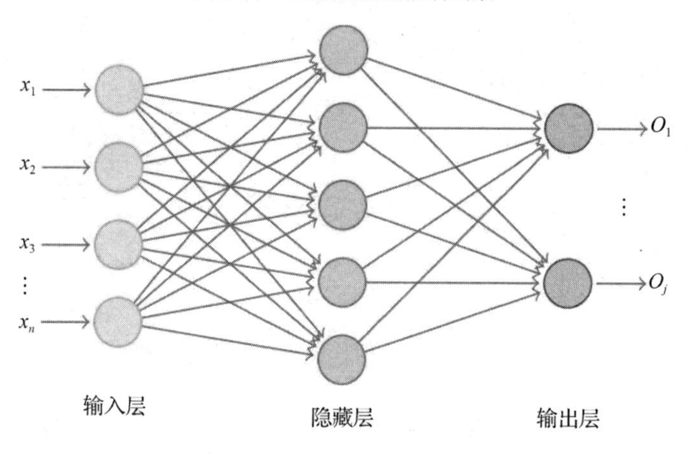

图 2-15　神经网络示意图

神经网络有如下三层。

- 输入层：一组输入神经元，其中每个神经元代表数据集中的每个特征。输入层接收输入并将它们传递给下一层。
- 隐藏层：一组逻辑计算神经元，其中每个神经元具有权重（参数）。隐藏层接收来自前一层的输入并对输入和权重执行点积操作，应用激活函数，生成结果并将数据传递到下一层。需要注意的是，隐藏层可以有很多层（为了便于理解，这里我们只介绍含有一个隐藏层的情况）。
- 输出层：连接隐藏层的输出，合并特征值给出最终结果。

下面深入了解神经网络是如何工作的，在确定了数据集和问题后，我们可以按照以下步骤操作。

（1）选择神经网络架构（使用随机权重初始化）。

（2）采用前向传播在神经网络的不同层之间传递特征。

（3）计算总误差（我们需要将此误差降至最低）。

（4）采用反向传播返回传播误差并更新权重。

（5）不断重复步骤（2）～（4），直到收敛到最小误差。

只要完成了神经网络的训练，就可以在线提供算法服务，通过将输入转发到训练有素的神经网络中进行预测。

2.6　神经网络中的梯度下降

梯度下降（Gradient Descent）属于迭代法的一种，可以用来求解最小二乘问题（线性和非线性都适用）。梯度下降法是最常采用的可以用来求解机器学习中模型参数的方法之一，另一种常用的方法是最小二乘法。

梯度下降法的基本思想类似于下山的过程。假设这样一个场景：一个人被困在山上，他需要走出来（走到山的最低点，也就是山脚）。因为有很大的浓雾，他看不清楚太远的地方，所以无法直接找到最优的下山的路径，只能采用走一步看一步的方法。具体来看，就是观察四周找到坡度最陡峭的方向，然后朝这个方向向下走。重复这个过程，最后就能成功下山。

另外假如这座山最陡峭的地方是无法通过肉眼立即观察出来的，而需要借助一个复杂的工具来测量，该人正好拥有这个工具。所以他每走一段距离，都要花费一段时间来进行测量。为了在天黑之前下山，他需要尽量减少测量次数。因此他就需要平衡测量次数过少导致偏离轨道和测量次数太多导致无法按时下山的风险。他需要找到一个合适的测量频率，来确保下山的方向准确性与及时性。

在实际场景中，一个可微分的函数就代表一座山。山脚也就是这个函数的最小值。因此找到最陡峭梯度，然后沿着梯度的方向，就可以让函数值下降得最快。

那么为什么梯度的方向就是最陡峭的方向呢？让我们从微分开始看起。

微分的意义可以从不同的角度来理解，一般最常用的有如下两种。

- 函数图像中某点的切线的斜率。
- 函数的变化率。

我们来看几个常见的微分的例子：

$$\frac{\mathrm{d}x^2}{\mathrm{d}x}=2x$$

$$\frac{\mathrm{d}(-2y^5)}{\mathrm{d}y}=-10y^4$$

$$\frac{\mathrm{d}\left(5-\theta\right)^2}{\mathrm{d}\theta}=-2\left(5-\theta\right)$$

上面的例子是针对单变量的微分，当一个函数拥有多个变量的时候就是多变量的微分，需要分别对每个变量求微分。比如：

$$\frac{\partial\left(x^2y^2\right)}{\partial x}=2xy^2$$

$$\frac{\partial\left(-2y^5+z^2\right)}{\partial y}=-10y^4$$

$$\frac{\partial\left(5\theta_1+2\theta_2-12\theta_3\right)}{\partial\theta_2}=2$$

$$\frac{\partial\left(0.55-\left(5\theta_1+2\theta_2-12\theta_3\right)\right)}{\partial\theta_2}=-2$$

多变量微分的一般化其实就是梯度。可将上面最后一个多变量微分改造成如下梯度形式：

$$J\left(\theta\right)=0.55-\left(5\theta_1+2\theta_2-12\theta_3\right)$$

$$\nabla J(\theta)=\left\langle\frac{\partial J}{\partial\theta_1},\frac{\partial J}{\partial\theta_2},\frac{\partial J}{\partial\theta_3}\right\rangle=\langle-5,-2,12\rangle$$

可以看出，分别对每个变量求微分就得到梯度，梯度是用<>包括起来的，说明梯度其实是一个向量。

梯度是微积分中一个非常重要的概念。

- 在单变量的函数中，梯度其实就是函数的微分，代表着函数在某个给定点的切线的斜率。
- 在多变量函数中，梯度是一个向量，向量有方向，梯度的方向指出了函数在给定点处上升最快的方向。

因此这正好说明了求取梯度的重要性。为了下山，就需要知道最陡峭的方向，梯度恰巧告诉了我们这个方向。梯度的反方向就是函数在给定点处下降最快的方向，只要沿着这个方向一直前进，就能到达局部最低点。

2.7　卷积神经网络

卷积神经网络是近些年深度学习领域的重大突破，多用于自然语言处理和语音分析，同时卷积神经网络在图像识别方面的表现非常出色。本节我们将专注于图像识别领域介绍卷积神经网络。

为什么要使用卷积神经网络，而不使用普通神经网络呢？

假设我们正在训练一个普通神经网络（包括输入层、隐藏层和输出层）识别图像中的猫，普通神经网络的做法是将特征作为输入，如将图像阵列变换成一个大小为图像宽度×高度的矢量矩阵作为输入（一般矩阵中的元素是 RGB 值），如图 2-16 所示。

然后将该矩阵提供给一般的神经网络模型并对神经网络的权重进行反向传播训练，在多轮迭代中识别该图像的特征值。

该模型一旦训练成功，我们就可以向该模型输入另一张猫图像，从而识别它是否是一只猫（通过打分）。这时候问题就来了，普通神经网络对图像背景变化很大的特征值不敏感，因此图像中一点细微的变化就会导致神经网络的特征值发生巨大变化，简单地说，通过图 2-16 训练出来的普通神经网络模型不能识别出图 2-17 中的猫。

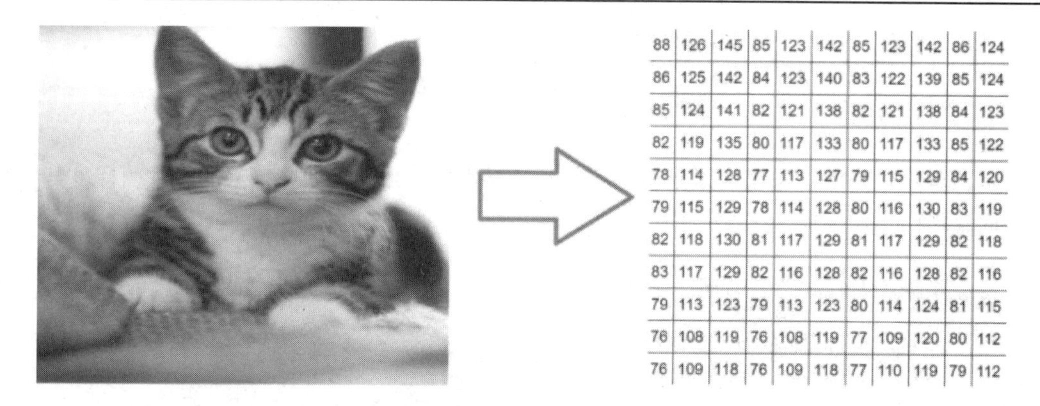

图 2-16　猫在矩阵化数据结构中的表现

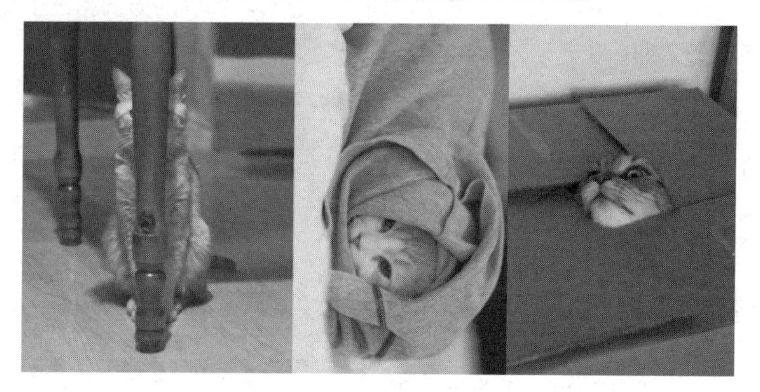

图 2-17　三张对普通神经网络模型有干扰的猫图像

但用卷积神经网络就能够很好地识别出图 2-17 中的猫。

那么到底什么是卷积？什么是卷积神经网络呢？

卷积是泛函分析中的一种运算模式，在机器学习中，卷积主要用于自动分析出图像中的特征属性，不需要人为介入，卷积神经网络就能在迭代中学习到图像中最准确的特征值。

卷积神经网络的另一个好处是，普通神经网络对于全尺寸图像不能很好地缩放，假设输入图像尺寸=100（宽度）×100（高度）×3（三原色），那么我们需要 30 000 个神经元，这在神经网络架构中会产生非常高的成本。而卷积操作解决了之前机器学习分析图像只看点而不关注形状的问题，其进行底层卷积模糊（关注小特征/线/角），然后通过池化减小规模、减小复杂度，再进行卷积池化，最后输出结果。

下面让我们看一下卷积神经网络的工作原理。

对于每个图像，卷积神经网络通过应用一些卷积过滤器（类似于照片编辑工具），剪切变换出许多小图像样本。对于这些卷积过滤器，我们可以调用权重、内核或功能。它们的权重首先被随机初始化，然后在迭代训练期间得到更新。

假设我们有一个 5×5 大小的图像，过滤器是图 2-18 中右侧的 3 种。

需要注意的是，为了便于理解，假设 5×5 矩阵是完整图像，矩阵各方块中的值是像素值。

5×5图像

88	126	145	85	123
86	125	142	84	123
85	124	141	82	121
82	119	135	80	117
78	114	128	77	113

3×3过滤器1

1	0	1
1	1	0
0	0	0

3×3过滤器2

1	0	1
0	1	0
1	1	0

3×3过滤器3

1	0	0
0	1	0
0	1	1

图 2-18　5×5 图像及 3 种过滤器

我们先定义过滤器大小，然后随机初始化过滤器矩阵中的值。如果在整个图像上运行每个过滤器，那么在卷积作用下将得到如图 2-19 所示的输出图像。

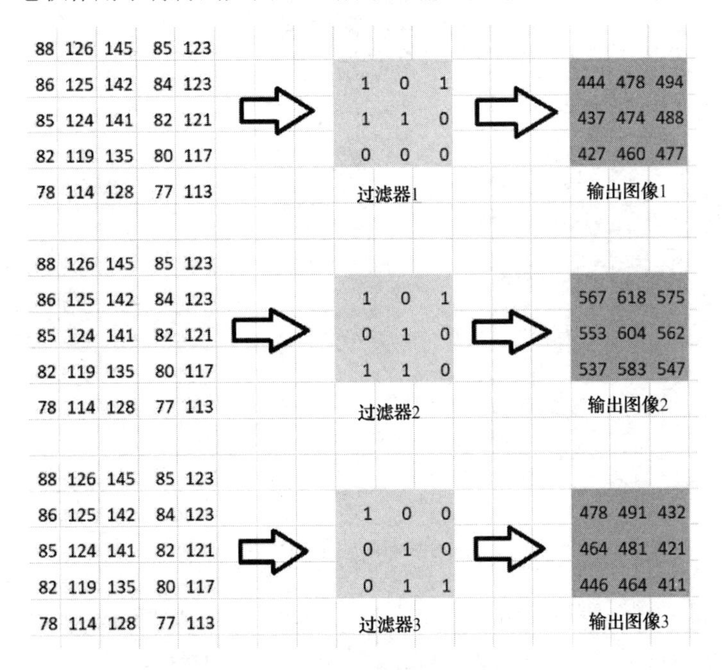

图 2-19　矩阵在卷积作用下的变化

为了让大家看得更加清楚，以图 2-20 为例详细解释一下矩阵在卷积下的计算逻辑。

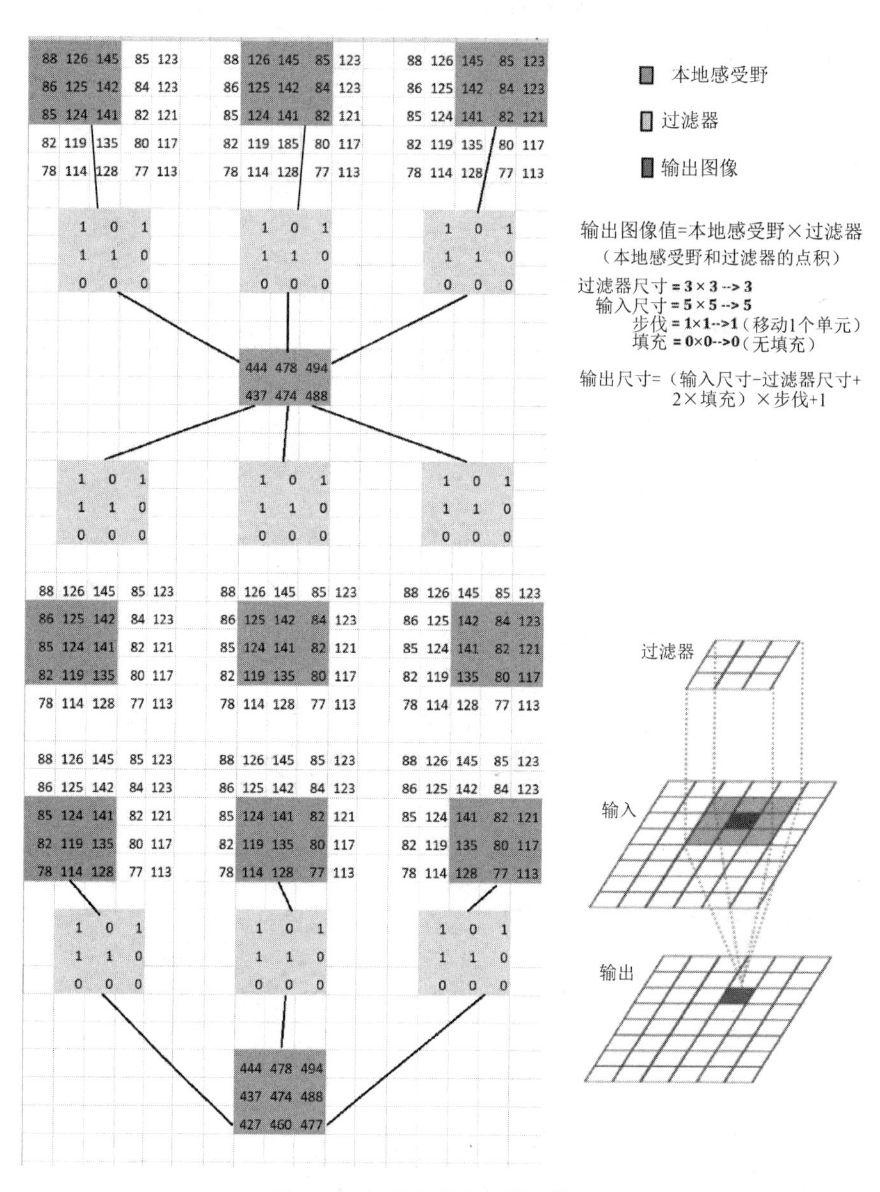

图 2-20　矩阵在卷积下的计算逻辑

图 2-20 的过程是：在图像中用一个过滤器进行计算，将图像切割成块，分块过滤，然后将结果进行矢量点积后再用下一个过滤器迭代计算，该过程称为卷积。

所以卷积神经网络的计算过程可以概括为如下 4 个步骤。

步骤 1：将图像按次序通过过滤器做卷积运算。

步骤 2：将卷积结果池化。

什么是池化呢？例如，对于下列图像，位于各个顶点的四个矩阵是分别用过滤器计算出来的图像片段，这四个片段分别取最大值，就合成了图 2-21 中心的矩阵，这个过程就是池化。

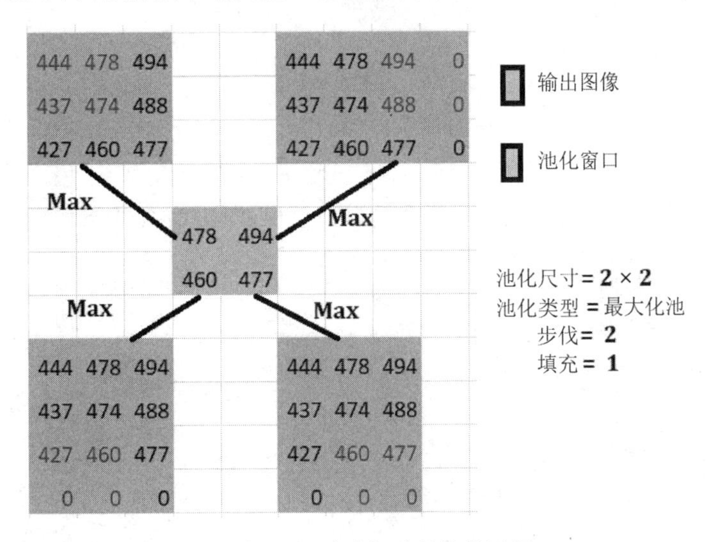

图 2-21　多个矩阵的池化过程

步骤 3：全连接，应用激活函数，将池化后的矩阵特征合并输出，这里最常用的激活函数是 ReLu 函数（整流线性单元函数）。

对于 ReLu 函数，如果输入小于 0，则输出 0，否则输出原始输入。也就是说，如果输入大于 0，则输出等于输入。如图 2-22 所示，左边的矩阵经过 ReLu 函数激活后就变成了右边的矩阵。

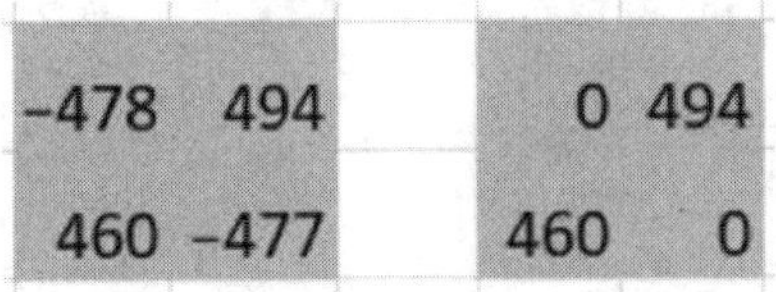

-478	494
460	-477

0	494
460	0

图 2-22　经过 ReLu 函数激活的矩阵

步骤 4：将经过激活的值提供给全连接的神经网络，如图 2-23 所示。

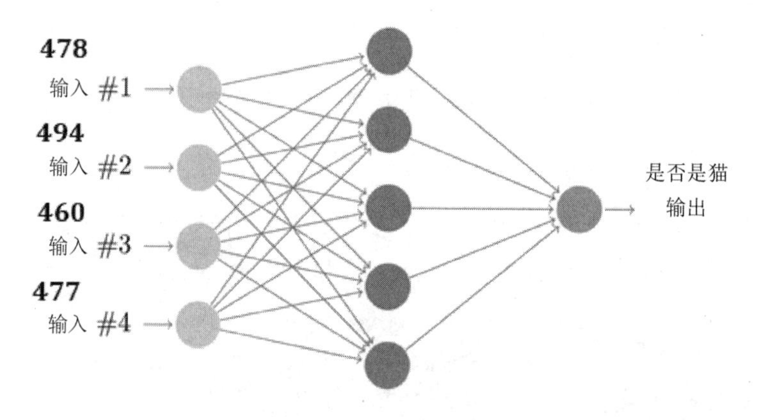

图 2-23　多个输入的全连接

以上就是卷积神经网络的工作原理。总结一下，卷积神经网络是将下列多层网络连接在一起的算法。

- 卷积层，发生卷积过程。
- 池化层，发生池化过程。
- 标准化层，发生激活（ReLu）过程。
- 全连接层（密集）。

需要注意的是，卷积神经网络通常可以具有多个卷积层、池化层、标准化层，并且不一定遵循上述顺序。

图 2-24 展示了一个典型的卷积神经网络的架构。

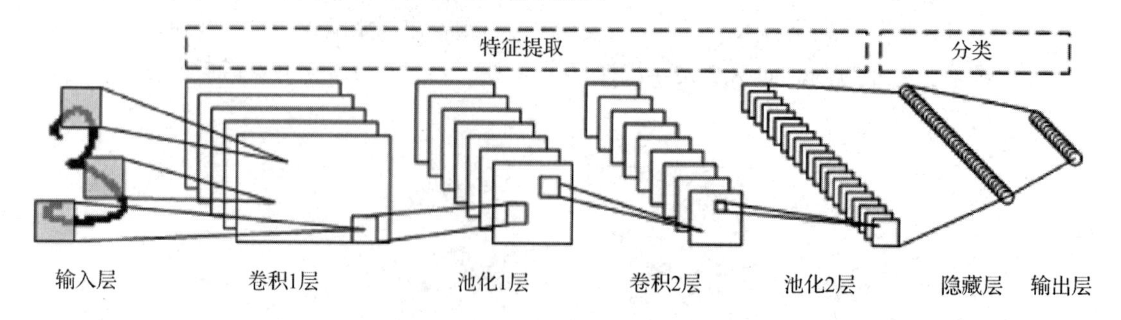

图 2-24　一个典型的卷积神经网络的架构

图 2-25 展示了一个较复杂的多层次嵌套的卷积神经网络架构。

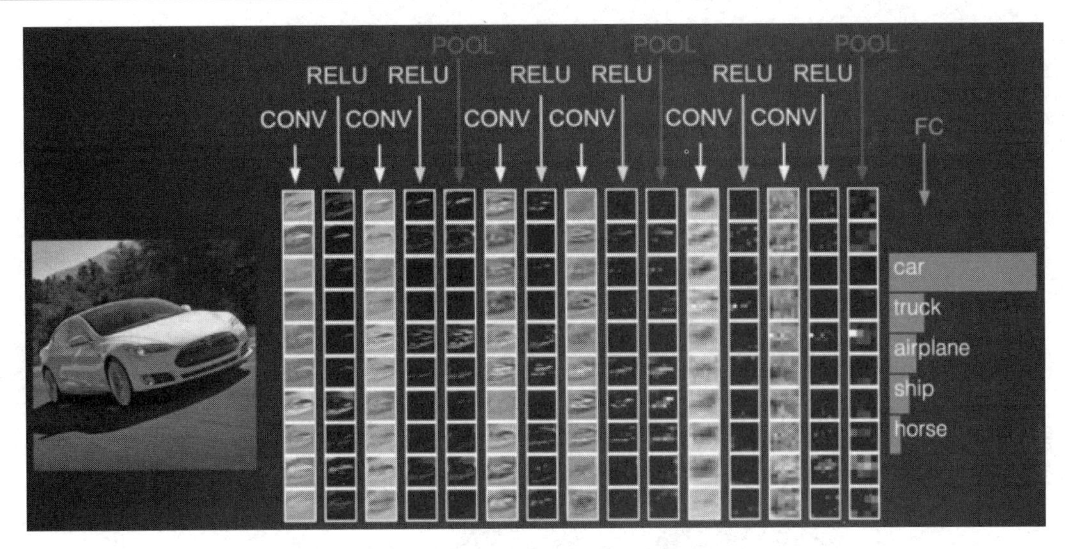

图 2-25 一个较复杂的多层次嵌套的卷积神经网络的架构

现在让我们回到本章一开始的用卷积神经网络来识别图像中的猫的问题上。

在图 2-26 中，我们定义了 3 个 3×3 的过滤器和 1 个 2×2 的池，在一层卷积和汇集之后，猫的图像如图 2-26（b）所示。

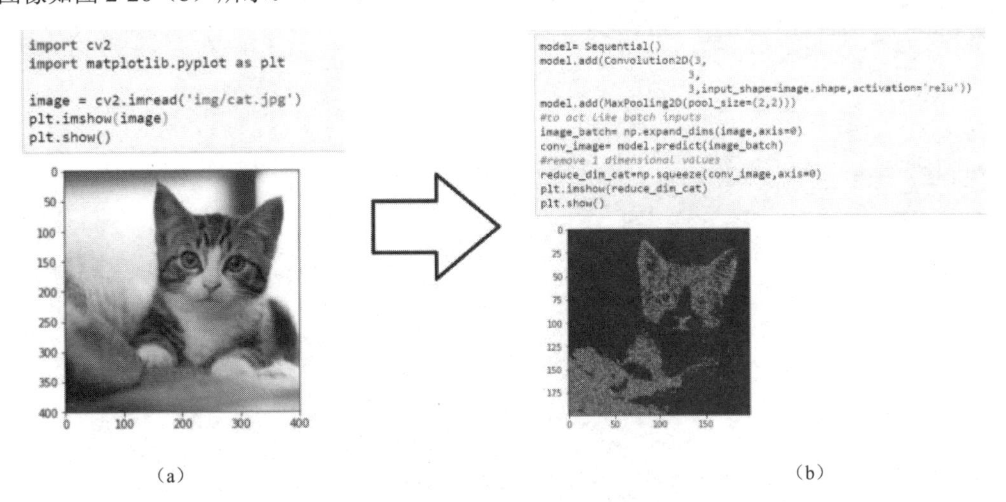

图 2-26 通过卷积神经处理过的猫图像

在工业化应用中，我们需要定义网络架构和一些参数，然后对训练数据集中所有图像的模型进行训练，并且在训练期间使用反向传播来更新权重。一旦训练完成，就可以像普通神经网络一样，将测试图像输入模型，最后得到概率分数，并据此判别图像内容。

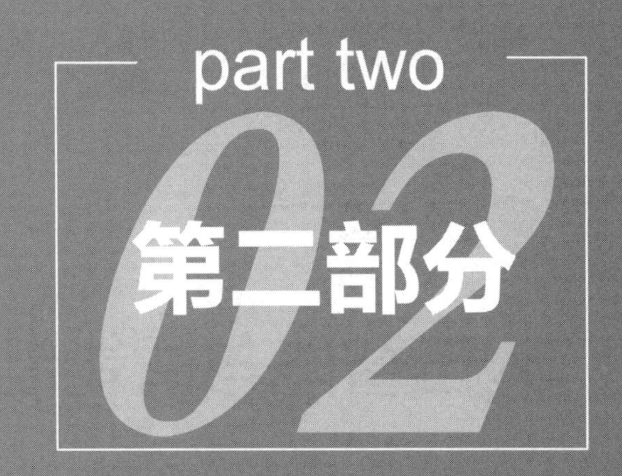

经过上一部分，读者能够了解人工智能的基础知识、人工智能的常见算法。

人工智能的算法能力目前集中在感知和预测等领域。基于基本的算法能力，结合各种应用场景，人工智能算法在各行各业有大量的成熟应用落地。这一部分主要介绍笔者亲身参与的人工智能落地应用的产品设计和技术细节。通过这一部分，读者能够结合工业界落地的产品形态，对各种业务形态下使用哪些人工智能算法模型、各种模型有哪些局限有更深刻的认知。

读者在阅读完第一部分和第二部分之后，可以抽取书中描绘的若干业务场景，选用合适的人工智能算法按照书中描述动手实践，以加深理解。

人工智能应用落地

第3章

人工智能与智能制造

随着工业化程度越来越高，制造能力往往决定了企业的发展能力。无论是大型软件的制造还是国家物流主干线的制造都离不开人工智能的赋能，本章对人工智能与智能制造进行深入探讨。

3.1 人工智能与 AIOps

随着 IT 运维的复杂化，运用人工智能算法进行 IT 监控运维、故障自愈、故障诊断成为现在行业内十分火热的一块市场。本节将对 AIOps（智能运维）的业务场景、工程化实践进行简单介绍。

3.1.1 业务场景

根据 IDC 组织发布的《2018 年第一季度全球服务器市场报告》可知，2018 年第一季度全球服务器出货量为270万台，同比增长了20.7%，销售额也猛增为188亿美元，同比增长了38.6%，连续三个季度实现了两位数的增长。全球服务器出货量的剧增，说明了全球服务器在数据中心建设上的巨大市场，但是同时，我们也要看到，急速增长的服务器数量增加了运维复杂性。过去的基于人工的机器运维手段已经不可持续，而此时应用人工智能算法解决运维复杂性，降低运维人力成本就成了一个很大的技术手段。

在讨论人工智能落地之前，我们先在数据尺寸、数据种类和数据的生成速度三个方面上介绍运维复杂性。

- 数据尺寸：IT 基础架构和应用程序产生的数据量以每年 2～3 倍的速度增长。

- 数据种类：机器和人类生成的数据类型越来越多（如指标、日志、有线数据和文档）。
- 数据的生成速度：由于采用了云原生或其他短暂架构，数据生成速度不断提高，IT 架构内的变化率也在不断提高。

正是因为以上三点，现有的监控工具在处理大量、多样化的数据时受到了压力。更重要的是，监控工具无法基于现有的监控数据给予精准的分析和智能判断。因此，业务所有者和 IT 运维团队（如应用程序开发人员和 DevOps），越来越多地表现出对运用人工智能实现 AIOps 的兴趣，以便在现有的监控数据的基础上做到智能察觉、智能认知、智能操作。

如图 3-1 所示，AIOps 是 DevOps 的未来趋势，AIOps 是人工智能在 IT 运维中的应用。更进一步说，AIOps 是 ITOps 的未来，结合了算法和人工智能，可以全面了解企业依赖的 IT 系统的状态和性能，也可以将发布到运维的流程打通，真正实现完全无人值守下的自动化发布、自动化监控、自动化运维。

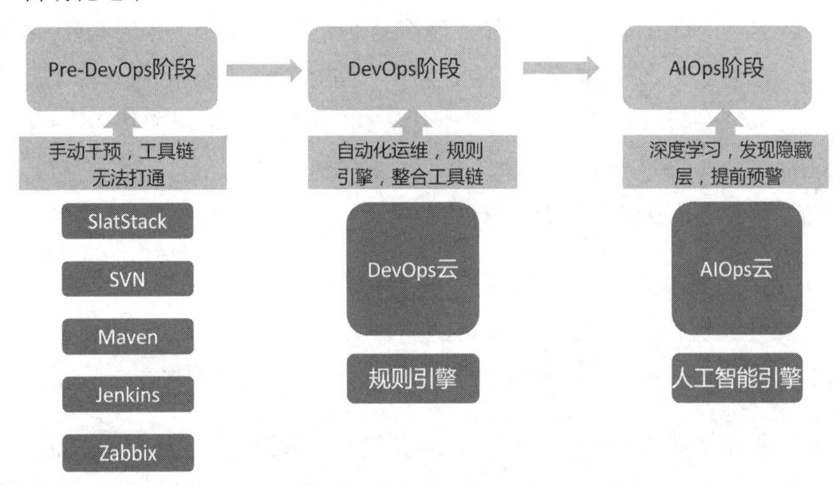

图 3-1 AIOps 的发展历程

现今云时代的社会下，IT 基础架构模型的不断发展使得我们对 IT 运维的要求从静态和可预测的物理系统转变为即时更改和重新配置的软件定义资源，因此运维和研发需要动态的技术和流程进行管理，而传统的基于过程和 ITSM 管理的事后监控远远不能达到系统的快速响应能力。

AIOps 使用机器学习和数据科学，使 IT 运维团队能够实时了解影响其所处系统的可用性或性能的所有问题。AIOps 可与现有数据源配合使用，包括传统 IT 监控、日志事件、应用程序和网络性能异常等。这些数据源的所有数据都由数学模型处理，该数学模型能够自动识别重要事件，无须手动预过滤。

AIOps 还可以在有或没有人为干预的情况下通过触发工作流来提高自动化程度。例如，运维机器人使现有的自动化和编排功能成为正常协作诊断和修复过程的一个组成部分。随着机器学习系统变得越来越准确和可靠，AIOps 有可能在没有人为干预的情况下触发常规和易于理解的动作，在用户受到影响或意识到问题之前解决问题。

变化的速度和数量要求日常任务的自动化为不太频繁、不可预测和高价值的活动保存宝贵的人类智能。AIOps 将战术活动的自动化与专家的战略监督相结合，而不是浪费时间和熟练的 IT 运维人员的专业知识来“保持关注”。

AIOps 中的“AI”并不意味着人工操作员将被自动化系统取代。相反，人类和机器一起运作，算法增强了人类的能力，使他们能够专注于有意义的事情。

AIOps 与现有工具和流程集成，汇集了以前锁定在断开连接的岛屿中的信息、见解和功能。公司在不同的地方使用多种不同的监控工具，用于不同的目的。传统运维流程中，每一个监控工具对特定的团队或职能都很有价值，但这个价值对其他感兴趣的团体来说并不容易。AIOps 不是通过费力的工具合理化计划来试图将个人需求转变为一刀切的解决方案，而是通过在所有工具、团队和域之间提供无缝的共享可见性，使个人工具蓬勃发展。

同样，AIOps 通过确保创建真实可操作的事件并避免重复来改进和启用 ITSM。无须丢弃每个组织基于 ITIL 的流程嵌入的体验。相反，由于 ITIL 具有固有的顺序特性，因此 AIOps 能够基于传统的 ITSM 流程提升运维人员体验，解决并消除传统 ITSM 的许多弊端。

最后，AIOps 还将自动化整合到一起，集成了编排和运行，并使其可以作为部分或全部自动化直接供运维人员使用。多年来，IT 运维团队开发了很多运维自动化解决方案，但是这些运维自动化解决方案需要确保只有正确的条件才能触发它。AIOps 能够自动识别条件，准确触发运维条件，从而最大限度地降低了风险并最大限度地提高了现有自动化投资的价值。

总结一下，AIOps 通过在运维决策/故障预测过程优化等方面的人工智能落地，使大型企业的系统可用性达到 4 个 9[①]以上，提供更短的 MTTR（平均故障恢复时间）。

① 通常使用 3～5 个 9（3 个 9 即 99.9%，4 个 9 即 99.99%，5 个 9 即 99.999%）作为衡量系统可用性的指标，表示系统在一年的运行过程中可以正常使用的时间与总运行时间的比值。

采用 AIOps 的主要好处在于，它使 IT 运维能够以最终用户期望和要求的速度灵活运行；打破数据和系统之间的孤岛，将运维流程贯穿生命周期。最重要的是，过多的重复性手动活动使 ITOps 难以跟上它们不断增加的节奏和需求量。

AIOps 还可以消除噪音和干扰，使繁忙的 IT 专家能够专注于重要的事情而不会被无关警报分心。通过关联多个数据源之间的信息，AIOps 消除了孤岛，并在整个 IT 环境中提供基于计算、网络、存储、物理、虚拟和云的整体数据视图。

不同专家和服务所有者之间的无摩擦协作可加快诊断和解决时间，最大限度地减少对最终用户的干扰。先进的机器学习在后台捕获有用的信息，并使其在上下文中可用，以进一步改进处理方式。

AIOps 中的“AI”不是某种一般算法，而是一组仅关注特定任务的专门算法。不同的算法可以从嘈杂的事件流中挑选重要的警报，识别不同来源的警报之间的相关性，组织正确的人类专家团队来诊断和解决问题，根据过去的经验提出可能的根本原因和解决方案，并从中学习反馈，以便随着时间的推移不断改进。

聚类和关联是最复杂和最关键的步骤，需要多种不同的方法。历史模式匹配和实时识别相结合，可帮助 IT 运维团队识别重复和新的问题。在某些的情况下，可以通过参考外部数据源丰富原始监测事件，提供更好的相关性及服务影响信息。

3.1.2　工程化实践

为了实现 AIOps，我们需要具备以下三个方面的工程化能力。

1. 机器学习算法

在 AIOps 领域落地的算法模型如表 3-1 所示。

表 3-1　在 AIOps 领域落地的算法模型

AIOps 场景	算法模型	解决问题
根因分析	随机森林	通过 CMDB 生成故障决策树，故障时自动发现判断
服务画像	ARIMA+EWMA+RNN	根据画像精确预言服务的未来容量趋势和性能趋势
性能瓶颈挖掘	决策树算法、层次聚类算法	通过海量日志学习挖掘背后的性能瓶颈
故障传播关系图	Dapper、聚类、关联	生成动态与静态相结合的故障传播图

续表

AIOps 场景	算法模型	解决问题
异常定位	Adtributor、iDice	快速准确地定位生产故障原因
代码扫描建模	基于 DGAN 算法	根据机器学习，智能识别出代码扫描最优策略
智能熔断	CUSUM、SST	根据智能预判，提前熔断
异常事件关联规则挖掘	FG-Growth、Apriori、RF	发掘海量日志背后的隐藏关系
故障预测	HSMM 算法、随机森林算法、支持向量机算法	动态预测硬盘故障、交换机故障
资源优化（人的资源、机器资源、项目资源）	KNN+凸优化+核函数	解决大量不合理部署虚拟机节点。例如，网络 I/O 密集的节点部署在同一个子网里，磁盘 I/O 密集的节点共用一个 ceph 分区。CPU 计算密集的节点部署在同一台物理机上
运维机器人	基于 NLP 自动化运维	将常见运维工具包装成运维机器人，供运维工程师使用
异常点检测	VAE	一键诊断和快速发现生产异常点

2. 计算能力

AIOps 需要基于海量数据的大数据处理和分析，因此实现和落地 AIOps 需要一整套完备的大数据处理工具。AIOps 的整体架构如图 3-2 所示。

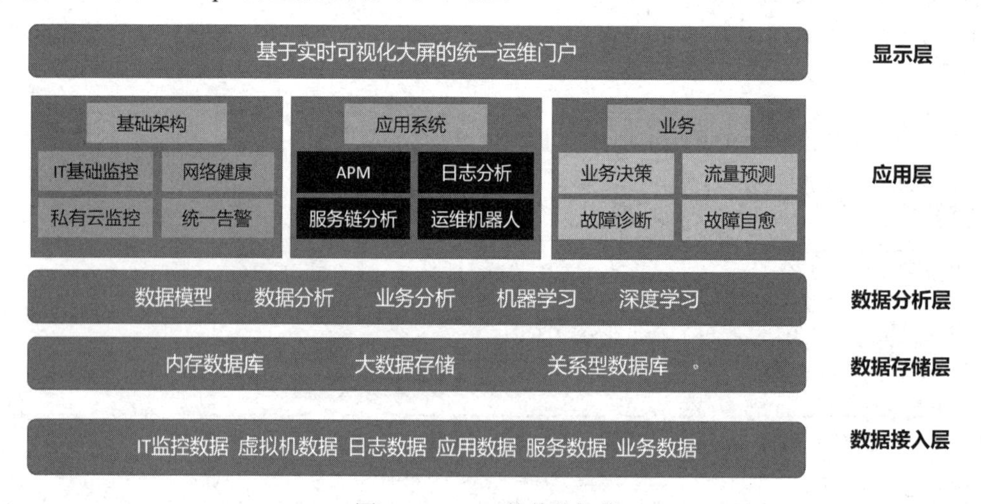

图 3-2　AIOps 的整体架构

3. 海量数据

从数据源来看，我们需要的数据有设备数据、系统数据、平台数据及业务数据。

其中设备主要指基础设施、网络硬件、X86 服务器等硬件、数据中心层的设备信息；系统主要指操作系统，如物理机操作系统、小型机操作系统等；平台主要指中间件系统、基础运维平台、PaaS 平台等；业务主要指服务的日志、服务的调用链等。

从类型来看，这些数据还可以分成以下四类。

- 时序数据：如交易流水、用户访问日志、IoT 设备日志信息。时序数据的结构化层次最高，在大型互联网公司时序数据数量级能达到 TB 级。
- 运维数据：如主机上的异常事件、ITSM 的机器变更事件、网络设备上的运维操作事件等，都是需要被记录并加以分析的。在大型数据中心，运维数据的数量级往往也能达到 TB 级。
- 日志数据：和上述两种数据相比，日志数据的结构化是最弱的，但从数据分析的角度看，日志数据十分重要，因为很多系统微小的抖动和蛛丝马迹都只能在日志中复盘，但是日志量级太过庞大并且杂乱无章，我们也只能挑选若干重要的日志存储分析训练。
- 标注数据：标注数据从数量上与上述三种数据相比是最小的，却是影响每一个算法模型实际效果最重要的因素。标注数据的含义就是让算法标注人员在上述三种数据的基础上，根据事件打标，标识出数据和相关生产事故之间的关系，供给算法训练。

Gartner 发布的《中国 AIOps 市场指南》列出了 AIOps 平台的 11 个关键要求。

- 存储：历史数据的摄取和索引。
- 流：捕获、标准化和分析实时数据。
- 日志：能够从软件或硬件中捕获和准备日志数据。
- 度量标准：可以立即应用时间序列和常用数学算法的数据。
- 有线数据：捕获的数据包数据，包括协议和流量信息，可供访问和分析。
- 文档文本数据：供人类阅读理解的书面文档，可以通过 NLP 实现文本解析和语义索引。
- 自动模式发现和检测：识别描述相关性的数据流中的数学或结构模式的能力，可用于识别未来事件。
- 异常检测：在系统中能够标注出正常系统行为，在生产线上运行时能够识别偏离正常系统的异常行为。

- 原因分析：确定根本原因，使用自动模式找到准确的故障原因并指导操作员干预。
- 内部部署：上述定义的功能可以在客户的场所提供，无须访问远程组件。
- 云：上述定义的功能可以在云中提供，无须本地安装组件。

只有摄取所有这些数据类型，应用这些不同类型的分析并根据客户要求进行部署的解决方案才能满足 Gartner 对 AIOps 平台的所有要求。

对于大型复杂企业而言，拥有广泛 IT 环境且跨越多种技术类型的公司已经面临着复杂性和规模问题。虽然这些大型企业可能属于不同的行业，但它们具有共同的规模，并且具有快速且加速的变化率，因为业务敏捷性的需求也会对 IT 敏捷性产生越来越多的需求。

对于 DevOps 团队而言，采用 DevOps 模型可能难以保持所涉及的不同角色之间的一致性。将 Dev 和 Ops 系统直接集成到整个 AIOps 模型中可以消除软件研发周期中可能发生的大部分摩擦。AIOps 模型的引入能够确保开发团队更好地了解环境状态，反过来 Ops 系统可以全面了解开发人员何时及如何将更改和部署投入生产，这种整体视图可确保整个项目的成功，提高敏捷性和响应能力。

对于云计算厂商而言，将传统数据中心业务迁移到云计算可能带来挑战，特别是在规模上，可能无法（或不希望）将 IT 批发转移到云端。这些混合模型（包含各种形式的 IT 基础架构交付）可能难以操作。通过提供所有基础架构类型的整体视图，并帮助运营商了解变化太快而无法记录的关系，AIOps 消除了混合云平台运营带来的大部分风险。

针对很多企业面临的数字化转型课题，数字化转型计划可以通过多种不同方式进行定义，但一个共同因素是需要更快的速度和灵活性。这是业务需求，但是往往传统的 IT 运维模式成为瓶颈，阻碍了 IT 系统以业务所需的速度运行，从而阻碍了更广泛的目标的实现。AIOps 消除了大部分摩擦，否则这些摩擦会阻碍 IT 提供成功的数字化转型项目所需的 IT 支持。

当站在传统运维工具的角度看 AIOps 时，需要重点考量 AIOps 是如何整合和联系现有工具的，AIOps 并不能取代现有的监控、日志管理或业务流程工具，相反，它位于这些不同域的交叉点，消耗和整合所有域中的信息，并提供有用的输出以确保每个工具都可以获得同步的反馈和知识萃取。

这些传统运维工具本身就是有价值的，但问题出在它们成为一个个信息孤岛，很难在正确的时间访问正确的信息，且这些工具之间的硬编码集成逻辑又难以跟上现代 IT 环境的变化速度。而 AIOps 提供了一种更加灵活的方法，可以将所有这些不同的部分视图组合成一个全面的理解，让 IT 运维团队了解哪些内容是真正重要的。

最后分享一下国内主流互联网公司的落地成果（见表 3-2）。

表 3-2　国内主流互联网公司的落地成果

公司名	应用场景	应用算法
蘑菇街	关键业务监控	指数平滑、3-Sigma 算法
	根因分析	决策树
宜信	运维机器人	NLP
百度	监控检测	随机森林
	故障诊断	随机森林
	入侵检测	不详
	成本优化	不详
	性能优化	不详
阿里巴巴	异常点检测	VAE

3.2　人工智能与物流

随着物流行业的发展，如何运用人工智能给物流赋能，在物流配送、物流调度、物流流程改造中提高效率、降低成本，成了近年来十分火热的一个话题。本节将对人工智能在物流行业落地中的业务场景、工程化实践进行简单介绍。

3.2.1　业务场景

随着新技术的出现，尤其是人工智能的出现，物流行业的方方面面已完全改变，人工智能帮助物流行业降低成本、提高效率，人工智能是物流行业蓬勃发展的必要条件。

美国华尔街的独立市场研究公司 Tractica 估计，到 2021 年，仓储和物流机器人的销售额将达到 224 亿美元。

一个经典的案例：利用基于大数据的最佳路径寻址算法，供应链公司联合包裹服务公司（UPS）每年可以节省了 3785 万升的燃油。

让我们具体看一下人工智能改变物流行业的 6 种方式。

1．进行需求预测

在物流中，人工智能最具颠覆性的方面之一就是预测需求、优化交货路线和管理网络的能力。人工智能的预测分析部分可帮助公司根据人工智能挖掘的模式对业务进行重大更改。人工智能客观地测量各种权重和因子，提高预测需求的准确性及物流系统的整体效率。预测不是一次性的事情，人工智能还可以基于天气、实时销售和其他紧急情况等不同变量来预测趋势。

人工智能能够预测特定地区的销售数量或所需的送货卡车数量，适用于物流、供应链和运输计划团队。使用物联网，人工智能还可以确定车辆何时需要维修或特定服务，避免车辆在交付中出现故障。

2．大数据

几年前，“大数据”一词已经成为流行语，它使人类受益的方式越来越多。人们从物流中获取的数据并不都是经过精炼的，这就需要人工智能通过使用算法清除数据来发挥作用。借助人工智能的大数据可预测运输量并根据历史数据制订未来计划。人工智能会考虑其他因素，如天气、政治形势等，并做出决定。

人工智能在拥有大量数据的物流细分市场中极为重要，原因是：人工智能可以从所有接触点收集数据，进行分析并提出可以对供应链管理进行重大更改的模式。人工智能平台接收很多结构化和非结构化数据，人工智能可以“智能”地将这些数据全部结合起来以很好地使用。

3．协助最后 1 公里的运送

最后 1 公里交付的重点是确保货物尽快到达客户手中。下订单时，应该有一个系统来确保产品通过正确的渠道发送、正确包装并告知客户交货时间范围等。让人们做到这一点是一项烦琐的工作，而且成本很高。人工智能通过管理不同的数据点、分配高管及预测订单最终到达客户所花费的时间，使最后 1 公里的到达变得异常顺利。实际上，作为最后 1 公里交付物流的一部分，人工智能无人机也已在世界各地使用。

4．实时决策

在物流中，有许多任务需要数据来做出决定。例如，找到最佳的可能路线、安排并选择最佳的运营商。对于这些决定，普通人需要几分钟的时间才能计算出来。但是在人工智能的帮助下，有一个即时解决方案可以筛选成千上万个数据点。这一过程仅需几秒钟，又快速又准确的数据筛选可以避免大量的人力成本。

5. 创建应急计划

对于人们无法控制的紧急情况，很难做好充分的准备。对人工智能进行培训的方式不仅可以为紧急情况做准备，还可以预测解决此类情况的最佳方法。人工智能还可以采取纠正措施，以便将来可以避免这种情况。人工智能在不断发展壮大，因为它不断面对各种情况，可以更好地预测事件并应对紧急情况，所以它成为一项非常重要的资产。

6. 准确的信息处理

因为在整个物流环节上设计了大量线上、线下多节点多环节互动，所以公司内部的数据核心标准一直非常混乱，大量冗余和错误数据往往隐藏在各个系统孤岛中，如重复订单、遗漏货品、没有及时支付的订货单等，以往基于人工和半自动化的手法正确识别和细分这些数据的难度和成本太高，而基于人工智能算法的聚类和自动化扫描就能非常简单地帮助公司高层清理不良数据对业务链条的污染。

图 3-3 为一个典型的智慧物流平台的产品架构，其最底层是基于机器学习、深度学习、运筹学搭建的人工智能中台。在这个人工智能中台之上分别是三个垂直领域的人工智能落地解决方案，包括仓储机器人、运配机器人和售后机器人。

图 3-3　一个典型的智慧物流平台的产品架构

以智能仓储布局为例，传统的仓库布局、仓库运营都严重依赖于人的经验。一个数码仓，要怎么布置货柜、每个不同品类的货柜之间距离多远、每批次货品如何合理整合布局都是依靠传统的人工经验决定的。而引入人工智能算法后，我们就可以将该仓库中商品的销量预测数据作为前置输入值，集合商品关联度分析、发货量预测等信息，运用大数据算法，智能规划仓库布局，实现智能仓库运用。我们可以结合使用 K 近邻算法、神经网络、模拟退火算法、蚁群算法等算法，实现前行仓选品、ABC 仓位布局、仓位补货、跨库补货等综合应用。智慧物流的核心算法如图 3-4 所示。

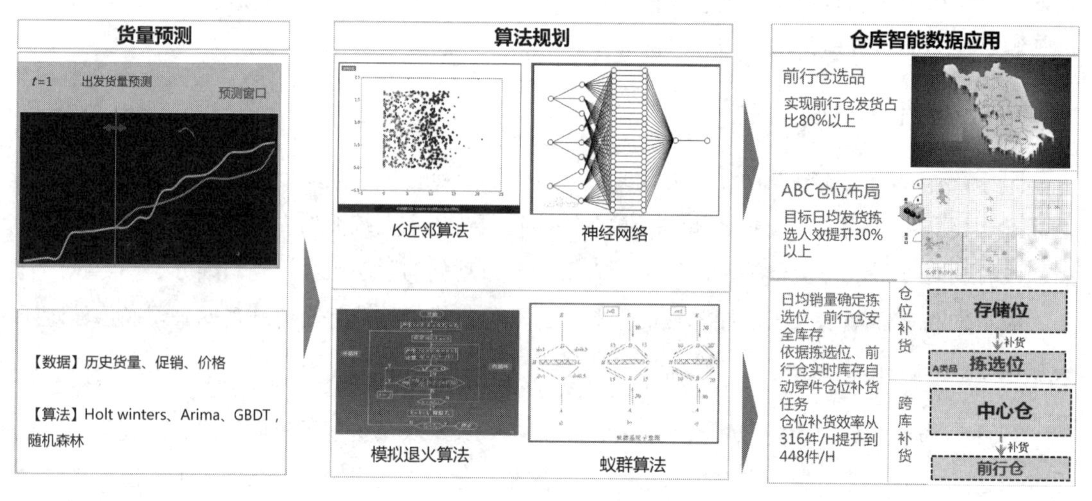

图 3-4 智慧物流的核心算法

以智能批次为例，如何在仓库中整合多批次的订单，在任务池中挑选出最合适的一批订单呢？可参考如下做法：首先将一批次订单合并成任务池，然后根据出货远近和仓储位置做聚类分析，合并多个订单，形成批次拣选动线分析及现有批次划分规则，最后通过优化算法计算出最优批次划分方案。任务池的业务概要如图 3-5 所示。

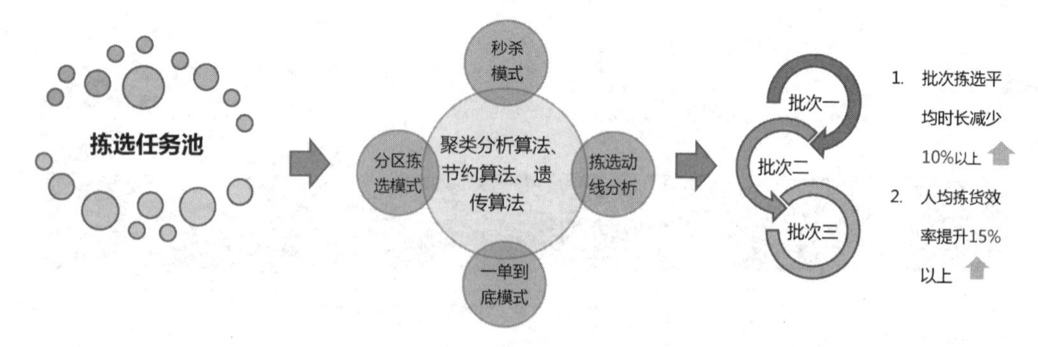

图 3-5 任务池的业务概要

以智能盘点为例，如何制定合理的仓库库存盘点策略呢？可参考如下做法：将盘点和动态库存与人员信息联动起来，建立数学模型，采用集中式盘点，制定区域盘、日盘、月盘，审计盘点，动态地触发盘点执行，减少集中式盘点的次数，提高货物的安全性。仓库库存盘点的业务概要如图 3-6 所示。

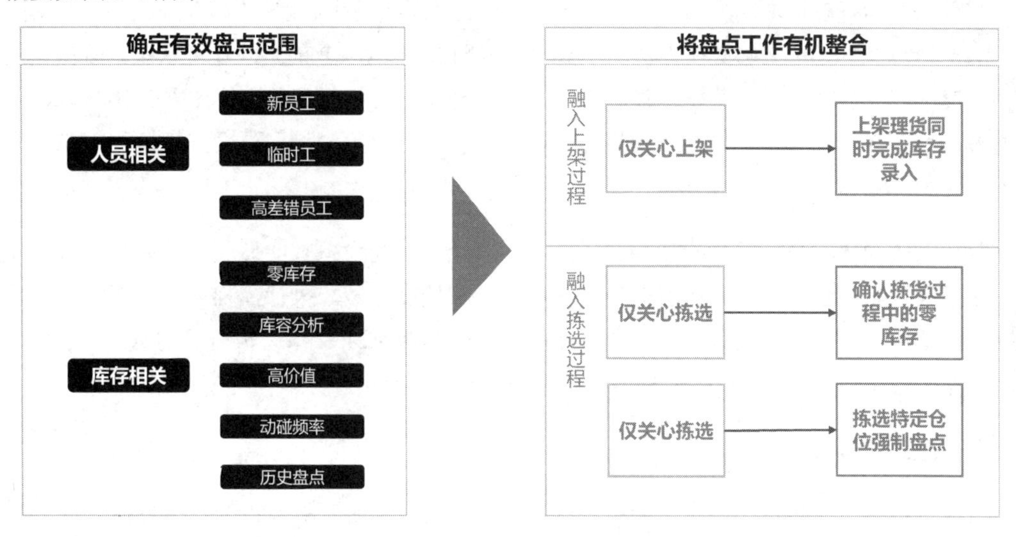

图 3-6　仓库库存盘点的业务概要

3.2.2　工程化实践

以智能机器人拣选为例，国内目前成熟的工程化做法都是基于 AGV（Automated Guided Vehicle）小车拖曳的方式实现货柜和货品拣选自动化的。

以国内比较知名的极智嘉机器人举例，极智嘉机器人本体是由机械系统和电控系统两部分组成的，机械系统主要实现机器人高强度本体结构、动力传动、托举提升等功能；电控系统主要实现伺服控制传感、导航状态监控、无线通信、自动充电服务器指令解析及故障处理等功能。

机器人采用惯性导航+二维码导航方式，利用高精度伺服控制算法，实现高速运行速度和毫米级定位精度；机器人采用智能路径规划算法，实现最优路径选择，使搬运的路线更为灵活；机器人具有完善的环境感知能力，可以监测周围障碍物，在机器人与外界物体之间及机器人本体之间通过安全防撞系统实现避障功能；机器人使用高容量动力电池供电，可以保证机器人在满负载运行情况下提供可靠的动力，支持自动快速充电功能，缩短充电时间，从而保证机器人以较高的效率运行。

极智嘉机器人的整体系统由多机器人、底架工作台、网络设备、服务器硬件设备和机器人管理系统软件（RMS）组成，整体系统实现自动入库补货和出库作业，工人只需要下发作业指令（含入库、上架、补货、出库等），由机器人协同完成，无须人工干预，其中托盘存储区域为无人环境。

整体系统运行在局域网内部。各个机器人之间通过无线网络通信，无线网络通过 AP 组网，AP 无线节点通过 POE 三层交换机供电，AC 控制器控制每个 AP 的负载连入状态。监控主机通过核心交换机与服务器进行数据传输。机器人通过无线网络与服务器进行数据交互。X86 服务器通过光纤转换器接入客户网络，根据现场网络拓扑情况也可增加台外网交换机与客户网络进行连接。

整体系统的核心是极智嘉的 RMS 系统，这是个多智能设备智能调度管理系统，可完成仓库中多智能设备的信息收集和状态监控、任务分配和调度任务、执行控制充电管理路径规划和交通管理地图监控托盘位置管理，以及优化调整外部标准 API 接口。极智嘉的 RMS 系统是整个 AGV 系统的大脑，下面简单介绍一下 RMS 系统的功能。

1. 智能设备接口层

智能设备接口层负责与每台智能设备进行数据交互，采集智能设备的状态数据并解析，下发任务数据和路径调度数据。同时进行链接的状态管理，实现链接断开报警和重连机制，保证系统与每台智能设备信息正常交互。智能设备接口层采用的技术架构支持大规模智能设备链路链接。

2. 标准 API 接口

标准 API 接口定义了 RMS 系统与外部系统的数据通信协议。标准 API 接口提供外部系统任务下发和监控、状态反馈和回调接口。

外部系统通过标准 API 接口向 RMS 系统发送任务，RMS 系统接收到任务后发送响应，如搬运到指定点、搬运到指定工作站、搬运到指定区域。机器人任务回调接口在任务执行的阶段，将状态通过标准 API 接口反馈到上游系统。

3. 任务调度

任务的来源分为外部接口、页面手动添加和内部自动产生三种。任务可设置优先级，优先级高的任务优先分配智能设备执行。智能设备分配采用路径最短逻辑，分配距离最近的智能设备执行任务。当智能设备数量不足时，对托盘搬运任务进行分类组合，与智能设备分组匹配，总路径最短的智能设备优先。

智能设备任务均衡调度逻辑是等待时间最短。客户系统在给 RMS 系统下发托盘搬运任务时，可设置该托盘的预计停留时间或任务操作时间。

RMS 系统会自动根据任务操作时间，平衡智能设备的分配。例如，1 号位置有 2 台智能设备，携带的 2 个托盘上共有 10 个拣货任务，需要操作 120s，2 号位置有 3 台智能设备，携带的 3 个托盘上共有 6 个拣货任务，需要操作 72s，在 2 号位置排队缓存区还有空位的情况下会优先为 2 号位置分配智能设备，因为 2 号位置的托盘会早于 1 号位置的托盘完成操作任务，等待时间更短。当某一台智能设备携带托盘去多个位置时，也会优先选择等待时间短的位置。如果去的位置均需要长时间等待，则先归还托盘继续其他任务。总的原则是等待时间最短。根据任务时间预估限制智能设备的数量。例如，在某个位置排队的托盘有 2 个，托盘上有 100 个盘点任务，需要耗时 300s，此时足够工人操作很长时间，系统不会为其再分配智能设备、缩短等待时间。任务调度模块可进行任务的取消指令处理。在系统重启时，任务调度模块恢复未完成的任务或控制智能设备自动还原托盘等待上游系统重新下发任务。

4．系统控制

系统控制模块在出现紧急情况时可实现全系统远程急停功能，全场所有智能设备停止运行。取消急停后，智能设备恢复运行，继续执行任务。

当某个智能设备发生故障但又不希望影响全系统运转时，可进行区域暂停和锁定，由运维人员在局部区域保证安全进行故障处理。

RMS 系统可定义消防通道，并接收外部消防信号，控制智能设备停止运行且避让消防通道。

通过页面还可控制智能设备暂停任务，智能设备在执行完成当前接收到的任务后，恢复到空闲状态，便于进行系统升级等操作。

5．托盘管理

RMS 系统管理所有托盘的存储位置、实时位置信息和状态信息。客户系统不需关心托盘位置，只需下发需要某个托盘搬运到某个位置的任务，RMS 系统就会自动找到该托盘的位置并分配智能设备进行搬运。客户系统可通过接口获取托盘信息。在 RMS 系统初始化时，RMS 系统控制托盘的入场操作，调度智能设备从场地入口处搬运托盘到存储位置，并将入场状态反馈到客户系统。

对于故障托盘，可通过页面进行位置更新操作，重新分配智能设备。

6．充电管理

RMS 系统采用自动充电技术，浅充浅放，充电 10min，工作 2h。RMS 系统实时监控每台智能设备的电量，可设置智能设备状态为可充电和低电两种状态。低电的智能设备不再执行任务，优先分配充电桩进行充电。

RMS 系统中的充电桩实时提交自身信息，服务器控制充电桩的接通和断开，为智能设备充电。

7．任务执行与控制

任务执行与控制模块将系统任务进行拆解，转换成智能设备可执行的任务，并发送到每台智能设备。任务执行与控制模块监控每台智能设备任务执行的进程。

任务执行与控制模块对故障智能设备的任务进行恢复，或者将任务传递到其他智能设备。

8．智能设备状态管理

智能设备状态管理系统监控每台智能设备状态，实时触发故障报警。对于不可恢复的智能设备可移除 RMS 系统，移除后将其已经分配的任务自动传递给其他智能设备，同时不再为其分配新任务；在修复完成后可再次加入 RMS 系统。

9．核心算法

调度控制系统原理：智能设备通过二维码及惯性导航融合的方式在仓库中实现全场定位和导航，通过伺服闭环系统对车辆行驶进行精确控制，完成托盘搬运任务。智能设备通过仓库局域网上传自身位置和角度，以及其他工作状态信息，服务器根据这些信息管理智能设备的任务，为智能设备规划路径，并下发到智能设备端执行。路径规划采用启发式搜索算法，并引入交通因子避免智能设备拥堵。路径规避调度算法采用资源申请方式，分配每个位置一个智能设备，未得到位置分配的智能设备需停止等待，保证安全。同时根据道路拥堵情况规划避让路径，智能设备临时更换路径，保证智能设备高效流畅运行。同时服务器管理智能设备位置的排队逻辑。智能设备的快速切换跟进系统的特点及先进性如下：智能设备统一管理和调度，资源优化分配；严格的位置申请逻辑保证智能设备路径安全；交通拥堵管理模块能够使智能设备路径更高效地自动充电调度，且无须人为干预排队位置和智能设备即可快速切换调度，缩短任务等待时间。

10．排队管理

在操作位置区域定义排队区，进行智能设备的缓存和排队，RMS 系统根据前面智能设备的排队位置调度智能设备依次运动，同时根据托盘方向旋转托盘。

11．监控界面

RMS 系统提供可视化运行监控界面，并可进行系统急停、区域锁定、任务暂停等系统操作，以及智能设备手动调度、托盘位置更新、移动路径监控和地图状态监控等相关操作。

3.3 人工智能与智能驾驶

随着汽车智能化的发展，如何运用人工智能提升传统企业的科技感，做到智能驾驶、智能出行、智能生活，成为主流车厂最关心的话题之一。本章将对人工智能在驾驶领域落地中的业务场景、工程化实践进行简单介绍。

3.3.1 业务场景

随着人工智能技术的不断发展，人类的乘车体验正在演变成类似于科幻电影中的场景。

当今最热门的话题之一是智能驾驶系统，它具有一个智能汽车助手，该助手能够使用户通过语音与汽车进行交互，用于汽车娱乐、安全、自动驾驶和导航的智能机械化功能控制。

随着机器学习技术和 5G 无线系统的成熟，智能汽车助手将迎来质的飞跃。尽管自动驾驶系统吸引了所有注意力，但智能座舱产品将比 4 级或 5 级自动驾驶功能更快地被广泛部署。汽车制造商、智能硬件开发商和软件服务提供商都在智能座舱上投入了大量资金，他们的许多产品已在 CES 2019 上展出。

语音识别技术于 2004 年进入汽车市场，因此智能汽车助手已经在十几年的时间里建立了一个庞大的用户群体。现在，更进一步改善用户体验的需求正在加速智能座舱市场。未来，更好的驾驶体验将成为智能汽车的重中之重。目前，智能座舱的市场潜力主要集中在用户的智能汽车助手上。数据显示，智能汽车助手的用户数量、使用频率和市场规模都在迅速增长。在美国，每月有 7700 万活跃用户在他们的汽车上使用语音交互系统，而在家庭住宅的消费场景中每月只有 4570 万语音交互系统的活跃用户。

智能汽车助手有望完成多项任务。当驾驶员的手和眼睛被占用时，免提交互功能具有更大的优势。智能汽车助手可以执行比以往更多的功能，包括交流、回答问题和访问娱乐。

汽车的基本控制功能包括调节空调、车窗、后视镜等，以及查询与驾驶或切换驾驶模式相关的数据等。智能驾驶系统还可以检查汽车模块的状态、轮胎压力、机油和冷却液液位，驾驶员可以口头询问有关汽车状态和车辆状况的问题，汽车可以使用自然语音通知或提醒驾驶员。

音乐和广播是智能汽车助手的常用功能。尤其是在开车时，人们喜欢听音频节目。汽车制造商和智能汽车助手提供商都将基本功能（如播放和暂停）提升到了一个新的水平，而人工智能驱动了更多个性化功能。例如，快速选择内容、播放内容的特定部分、高级推荐等。

智能驾驶系统的主要参与者是汽车制造商、人工智能服务商，以及创业公司。汽车制造商希望在其驾驶舱中应用出色的技术；人工智能服务商希望提供先进的语音交互解决方案和人工智能服务；创业公司希望开发出与智能驾驶相关的移动应用程序和软件服务。

许多大型汽车制造商正在独立开发自己的智能驾驶解决方案以提高汽车性能，并努力改善驾驶舱体验以增强市场竞争力。虽然汽车制造商本身开发的技术可能具有更高的兼容性，但汽车制造商在诸如语音识别和语音交互之类的关键人工智能技术方面缺乏强大的研发能力。因此，汽车制造商开发的智能驾驶解决方案往往是简单且功能强大的，而不是先进或创新的。

下面列举几个主流汽车制造商的技术方案。

福特：福特开发了 Smart Device Link（SDL），这是一种使用语音、手动按钮和电容式触摸屏控件的车载控制系统。该系统为驾驶员提供了车载语音控制服务。语音命令可用于管理与配对电话、音乐、媒体系统、天气预报、可选导航系统，以及信息娱乐屏幕本身的导航通信。

梅赛德斯·奔驰：梅赛德斯·奔驰的 MBUX 包含一个娱乐系统和一个内部语音助手，允许使用语音助手而无须访问云。MBUX 支持本地搜索意图/提供商集成、体育、股市新闻、对话、计算、常规查询支持等。

互联网科技巨头正在与传统汽车制造商合作，实现双赢。当前，几乎每个互联网科技巨头都为汽车提供智能驾驶解决方案。苹果、谷歌、亚马逊、Nuance、阿里巴巴和百度都创建了专门为智能座舱设计的平台和操作系统。该平台将技术和服务集成到特定于汽车的操作系统，以提供智能驾驶辅助解决方案。

3.3.2 工程化实践

近年来，基于深度学习的感知，概念和决策者在人工智能中越来越流行。利用深度学习在具有深度卷积网络、分布式表示和语言处理的图像理解中进行学习这一特点，将深度学习和强化学习相结合，实现对游戏的人机控制，基于深度神经网络和决策树搜索的组合创建计算机玩家选手，可以以人类玩家的最强水平进行游戏。以深度强化学习作为核心技术，在有限和完全定义的领域展示人工智能，这就是人工正常智力（ANI）。

在汽车领域运用到的算法大致包括以下四个。

- 人工神经网络：是最重要的基本人工智能之一，即浅层神经网络，它由彼此高度连接的计算元素（神经元）组成。网络输入的数量可能远远超过传统架构，这使网络成为分析高维数据的有用工具。
- 深度学习算法：该算法使用深度神经网络中的多层非线性处理单元的级联进行特征提取和转换，并学习与不同抽象级别相对应的多个表示形式。
- 支持向量机（SVM）：是分类中最精确的区分方法。
- 模拟退火算法：已成功地应用于生产调度和控制工程。

在工程化领域，人工智能算法主要应用在两个场景：无人驾驶和车联网。

1．无人驾驶

2010 年，7 个 Google 无人驾驶汽车组成了一个团队，开始在加利福尼亚的道路上尝试行驶。Google 公司在 2012 年 8 月宣布，在计算机的控制下，它有十多辆无人驾驶汽车可以安全行驶 48 万千米。

2013 年 5 月 8 日，内华达州车辆管理局正式向 Google 公司颁发了第一张无人驾驶汽车牌照。新加坡公司 nuTonomy 希望为用户提供手机无人驾驶出租车。

2016 年，nuTonomy 公司的测试车成功穿越各种障碍，并通过了新加坡的首次测试。该公司还将继续在新加坡对该类型的汽车进行商业测试，并计划在未来几年内在新加坡使用数千辆无人驾驶出租车。nuTonomy 公司使用无人飞行器（UAV）算法协调管理无人驾驶汽车。

nuTonomy 公司表示，无人驾驶出租车将提高清洁度，减少交通拥堵和二氧化碳气体的排放。nuTonomy 公司的核心算法包含一个“形式逻辑”功能，该功能赋予汽车灵活性，可能会使汽车违反不太重要的交通规则。该算法可以利用复杂的判断并排超越停放的汽车，而不会影响交通。

无人驾驶汽车的主要障碍除了对技术的挑战，还包括：①责任纠纷；②将现有车辆库存量从非调配改为自动驾驶所需的时间；③个人抵制放弃对其汽车的控制；④消费者担心无人驾驶汽车的安全性；⑤实施法律框架并建立无人驾驶汽车的政府法规；⑥失去隐私和安全隐患的风险；⑦对导致公路运输行业驾驶相关工作流失的担忧。

2．车辆网

具有智能网络的汽车有车辆传感器、控制器和先进的执行器等设备；具有智能网络的汽车是新一代的智能汽车，它将现代通信和网络技术相结合，实现复杂的环境感知、智能决策制造和控制功能，实现节能、环保和驾驶舒适性。

汽车可以通过某些远程通信设备融合汽车网络、车间网络以实现汽车通信、内部通信和车辆道路通信（与网络中心的汽车连接、智能交通系统和其他服务）中心，以便汽车可以实现内外网络之间的信息交换，并解决车与车、车与路、车与基础设施之间的信息交换问题。

车辆网具有以下功能。

- 提供信息共享服务，确保安全旅行、方便出行。可以通过 GPS 卫星定位技术，根据当前的道路状况（如交通拥堵、复杂的道路状况、交通安全、碰撞预警和路线引导）制作交通报告和电子地图。
- 卫星定位导航和自动检测互联车辆。可以通过 GPS 卫星定位技术确定被盗车辆的位置和路线。此外，车辆性能和状态可以自动监控，并在许多地方通过远程专家咨询传送，以指导车辆维护等。
- 道路救援和车辆紧急警告系统。在行驶过程中，如果发生交通事故，驾驶员可以通过远程信息处理系统的紧急呼叫按钮联系紧急服务或汽车服务站；当车辆处于危险状态时，车辆自动向道路交通管理部门发出紧急警告，以确保道路安全和平稳的道路救援。

车联网的新技术主要包括以下几个方面。

- 先进传感技术：包括机器视觉图像识别技术、雷达（激光、毫米波、超声波）周围障碍物检测技术。

- 地理位置和地图：用于实现移动自我智能网络安全技术之间的必要信息共享和协同控制通信，包括组织网络技术、高精度定位技术、建筑技术 3D 建模、高精度地图和局部场景。精度是衡量智能车辆地图性能的关键参数。建议使用围绕兴趣点的大小不同的多个支持区域（MSR），选择支持区域的最佳规模。目前，高精度地图分为两类，即 ADAS 地图和 HAD 地图。ADAS 地图的精度以米为单位，而 HAD 地图则可以达到厘米的精度。与 ADAS 地图相比，HAD 地图更加精确，具有更具体的道路信息，如车道和人行横道线。因此，HAD 地图在技术上可用于无人驾驶汽车。
- 智能决策技术：包括风险状况建模技术、风险预警和控制优先级划分、多目标协作技术、车辆轨迹规划、驾驶员多样性分析和人机交互。
- 车辆控制技术：包括基于驱动和制动系统的纵向运动控制系统、基于转向系统的横向运动控制系统、基于驱动/制动/转向/底盘集成控制系统的垂直运动控制系统及悬架系统。
- 数据平台技术：包括非关系数据库架构、有效的数据存储和检索、关联分析，以及大数据云操作系统和信息的深度挖掘。
- 汽车智能化：因为汽车智能化是汽车行业的趋势，所以随着人工智能技术和 5G 网络的普及，智能汽车相关产业的上下游市场比平时发展更快。智能汽车助手将成为未来几年语音交互和自然语言理解的重要需求场景。

3.4　人工智能与焊点检测

本节将对人工智能在焊点检测行业落地中的业务场景、工程化实践进行简单介绍。

3.4.1　业务场景

很多传统制造型企业都有大量的生产流水线，其中有大量的成本是花费在钢板点焊上的。

一个典型的场景就是汽车制造中的总装车间，其流水线上经常有多个环节是根据设计图纸，给制定部件点焊。流水线上的智能焊接技术如图 3-7 所示。

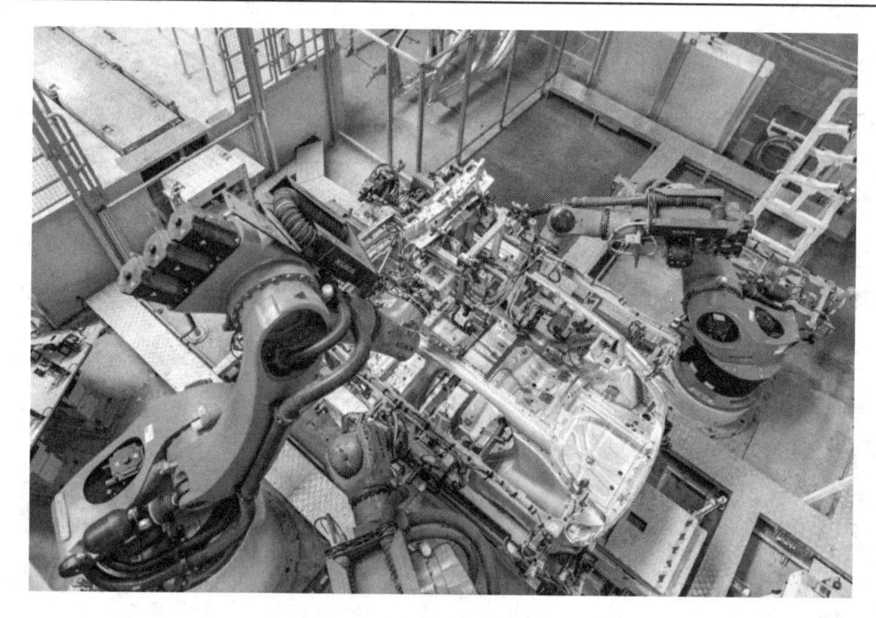

图 3-7　流水线上的智能焊接技术

其中有些焊点是可以用机械手代替的，而有些焊点是必须要人工手工点焊的，原因如下。

- 现在流水线普遍是混装的，经常在一个流水线上可以同时装配多个不同车型，如 SUV、轿车等，用统一一套机械手自动焊装往往成本太高，得不偿失。
- 很多车企新车型设计和制造节奏很快，往往一年就要在流水线上一个新车型，在这种情况下机械手就需要重新编程。
- 现在很多车型外观设计十分灵动，导致很多物理部件需要在十分狭小的区域进行焊工操作，而这种操作只能依赖于人类灵巧的操作。

现在的流水线往往采用人工和机器混合点焊。但是随之带来的一个问题是，在大规模生产的过程中，怎么才能保证这么大批量混合点焊出来的焊点质量呢？车企采用的传统方法有以下几种。

1. 在流水线产出的批次里抽样检测，根据检测结果估算该批次产品质量并寻找源头

这种方法的本质是依赖于统计学中的正态分布估算产品质量曲线，并且基于事后估计进行的一种检测手段。

统计学中的中心极限定理：当采样样本容量 N 足够大时（一般取 $N>30$），样本均值 m 将近

似服从正态分布 $N(\mu,\sigma^2/N)$。其中，μ为总体期望，σ为总体标准差。

中心极限定理在大数定律的基础上又进一步可理解为当样本容量足够大时，不仅其表征现象近似于真实规律（无偏性：估计量期望等于总体真实值 $E(m)=\mu$），而且无论样本所属的总体为何种分布，其统计的结果都可以用正态分布量化评价（方差σ^2/N 描述异化程度/越小，估计越准）。不同样本分布情况下的中心极限模型如图 3-8 所示。

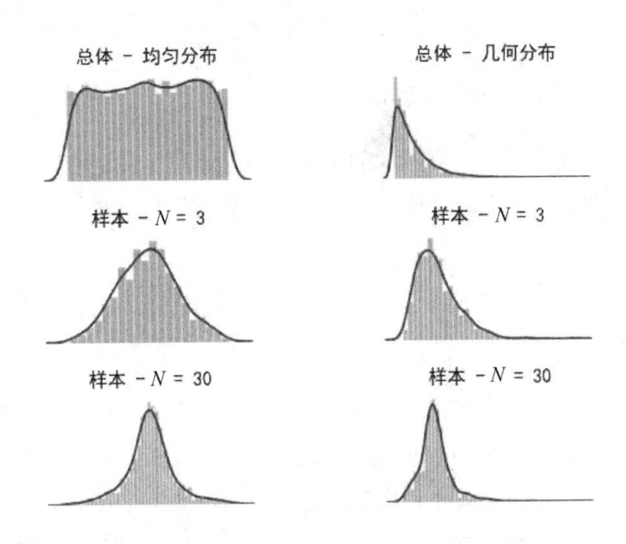

图 3-8　不同样本分布情况下的中心极限模型

该方法的优点是成本和技术难度较低，但是缺点也是明显的，该方法只能抽样统计再反推估算，很容易造成估算结果失真。还有一个很明显的缺点是，该方法只能事后检测，往往在发现某条流水线出现大规模质量问题，再返工时已经错过了最佳召回时机，导致严重的成本问题。

2. 超声波焊点质量检测技术

传统工厂中，最常见的焊点质量检测方法是采用超声波焊点质量检测技术，其具体的技术细节是，首先向焊点发射超声波信号，并接收由焊点反射回来的超声波回波信号。因为不同质量的焊点的物理特性不同，所以超声波回波信号也不同，而接收器可以通过对超声波回波信号进行数据处理、特征提取实现焊点质量检测。

现有主流的超声波焊点质量检测技术一般采用人工方式，由有经验的工程师手持超声波探头不断调整角度来对准焊点位置，等检测屏幕上出现稳定的超声波回波信号后才能进行焊点质量评价。人工方式的缺点是：检测效率低，不适合流水线大批量的焊点检测；检测结果受手持装备与焊点对准程度的影响，准确性和稳定性难以保障。

一般手持超声波检测器由便携式计算机、超声波探伤电子组、超声波探头三大组件构成。

手持超声波检测器最重要的技术原件是超声波探头，其利用的是超声波在不同介质中传播时，随着距离的增加，超声波能量逐渐减弱的物理现象。当焊点不均匀时，由于焊点的晶粒比板材粗大，超声波衰减严重，可以反射描绘出焊核的有无、大小和厚薄。

3. 基于计算机视觉的人工智能检测技术

基于计算机视觉的人工智能检测技术的主要思路是运用计算机视觉的物体识别能力，训练深度学习模型，通过架设在流水线上的自动化摄像头智能抓拍、智能识别，实时给出焊点质量报告。

3.4.2 工程化实践

使用基于计算机视觉的人工智能检测技术来实现自动焊点检查，首先最重要的问题是提取来自焊点表面的信息。然而对于计算机视觉算法而言，焊点表面的镜面性物理特征会阻碍计算机视觉算法自动提取相关信息。例如，镜面在点光源的不同距离可能会导致镜面反射焊点的表面出现或消失，妨碍了形状相匹配的焊点的有效分类。此外，焊点的形状倾向于焊接条件（包括锡膏和加热水平），所以焊点的形状也是阻碍焊接的障碍。此外，焊板上的各种组件及复杂的板材布局很容易对图像识别算法造成干扰，因此，焊点模式识别是一项艰巨的任务。

笔者曾在某个项目中提出了一套前后端不同流程的计算机视觉系统，用来解决上述问题。

前端流程包括不同照明条件下，针对焊点的自动检测、定位和分段焊料。

前端检查系统需要解决的技术难点包括：实现照明归一化，有效地应用于图像并有效消除照明不均匀的影响，同时保持处理后的图像的属性与在正常照明条件下的对应图像的属性一致；使用辅助的物理分割线来识别焊点的位置，该过程包括焊点位置识别和自动分割焊点。

接下来，分割出来的焊点图像会被送到深度学习模型进行多分类，识别出焊点的质量输出，如 A 级焊点合格、B 级焊点质疑、C 级焊点不合格等。

在这个过程中，我们可以使用 Faster RCNN 算法编写算法模型。

RCNN（基于区域的卷积神经网络）算法由以下 3 个简单步骤组成。

- 使用称为“选择性搜索”的算法在输入图像中扫描可能的物体，生成大约 1000 个区域提案。
- 在每个区域提案的顶部运行卷积神经网络。
- 取每个卷积神经网络的输出，并将其输入 SVM 并对区域进行分类。

从高层次宏观上来说，RCNN 算法首先提出区域，然后提取特征，再根据其特征对这些区域进行分类。从工程上来说，RCNN 算法虽然非常直观，但是非常慢。

因此，为了解决 RCNN 算法的速度问题，2016 年推出了 Faster RCNN 算法，Faster RCNN 算法在许多方面都类似于原始 RCNN 算法，可以通过以下两个主要增强功能提高 Faster RCNN 算法的速度。

- 在提出区域之前对图像进行特征提取，因此仅在整个图像上运行一个卷积神经网络，而不是在 1000 个重叠区域中运行 1000 个卷积神经网络。
- 用 softmax 层替换 SVM，从而扩展神经网络进行预测。

以 TensorFlow 的 Faster RCNN 算法为例，讲解如何落地该算法训练。

第一步，选择要检测的焊点并为其拍照。

注意需要使用不同的背景、角度和距离。将图像传输到计算机并调整为较小的尺寸。重命名图像并将其分成两个文件夹，一个用于培训的文件夹（80%），另一个用于测试的文件夹（20%）。

使用 LabelImg 标记训练图像。LabelImg 是用 Python 编写的图形图像注释工具。通过在对象周围绘制矩形并命名标签来手动完成标签。

第二步，设置 TensorFlow 对象检测 API 环境。

首先下载 TensorFlow 对象检测 API 环境，将当前的工作目录更改为 models/reserarch/，并将其添加到 Python 路径中：export PYTHONPATH = $ PYTHONPATH:`pwd`:`pwd`/slim。

第三步，创建记录文件。

将 models/research/作为当前工作目录，运行以下命令以创建 TensorFlow 记录。

```
python object_detection / dataset_tools / create_pascal_tf_record.py --data_dir = <pat
h_to_your_dataset_directory> --annotations_dir = <name_of_annotations_directory> --out
put_path = <path_where_you_want_record_file_to_be_saved> --label_map_path = < path_of_
label_map_file>
```

第四步，训练模型。

从 TensorFlow 检测模型 Zoo 中选择 Faster RCNN 预训练模型。TensorFlow 提供了在 COCO 数据集上预先训练的检测模型的集合。

将所有文件提取到预先训练的检测模型文件夹中。

复制文件 models/research/object_detection/sample/configs/<your_model_name.config>到项目仓库。

在此文件中配置 5 条路径。

使用 models/research 作为当前工作目录运行以下命令：

```
python object_detection / legacy / train.py --train_dir = < path_to_the folder_for_savi
ng_checkpoints> --pipeline_config_path = < path_to_config_file>
```

等待直到损失函数低于 0.1，然后通过键盘中断，将保存的检查点生成推理图。

```
python object_detection / export_inference_graph.py --input_type = image_tensor --pipe
line_config_path = <path_to_config_file> --trained_checkpoint_prefix = < path to saved
checkpoint> --output_directory = <path_to_the_folder_for_saving_inference_graph>
```

第 4 章

人工智能与智能设计

随着互联网电商和内容渠道的发展，用户大众需要各种因人而异的美学偏好，如广告图、音乐、视频设计都需要按照每个用户的性格进行定制，这么大的工作量如果完全人工是不可承受的，所以亟待人工智能介入智能设计领域，本章将对此问题进行深入探讨。

4.1 人工智能与广告图

随着 4G/5G 的发展，现代社会越来越变成一个以阅图代替阅文的时代，可以说，如果没有一个很好的办法实现终端图片丰富度的海量设计和海量推送，就无法在当下的时代抓住用户。本节将对人工智能在广告图设计环节落地中的业务场景和工程化实践进行简单介绍。

4.1.1 业务场景

主流电商为了迎合每个用户的个性化属性，推出“千人千面”概念，让商品广告图按照用户的维度做定制化创作。同一个商品，在不同的用户访问的时候，根据不同的用户偏好设定，就能给用户呈现不同细微风格的商品主图，如图 4-1 所示。

而对于企业的成本而言，假设一个电商网站的日活用户有 50 万人，每人浏览 10 张广告图，每张广告图制作成本 5 元，那么该电商网站每天花在创作广告图上的成本就有 2500 万元。

图 4-1　常见电商网站的广告图

伴随着企业用人成本的不断提高及人工智能算法能力的发展，在国内兴起了用人工智能算法代替艺术设计的热潮。

在这股热潮中有我们常见的智能海报设计、智能视频设计、智能文案编辑、智能音乐编曲及智能生成代码等。

这些应用的特点是用人工智能算法代替人类智能设计中的一部分枯燥的工作，终极目标是用人工智能算法完全代替人类的艺术设计行为。

在用人工智能算法代替艺术设计之前，先简单地探讨一下艺术设计的本质。

从技术上来说，设计介于科学与艺术之间，它既有科学的严谨性和规范性，又有艺术的灵感。从科学的角度上来说，艺术设计是有规律可循的。举个典型的例子，一个广告图设计师在设计广告图时，布局和画面的长宽是会根据广告摆放的位置规律调整的。所以从科学性这个角度出发，我们可以让人工智能算法学习成熟的设计师对特定任务的布局，并且将学习结果抽象化并将其形式化，生成一些可供遴选的初步方案。设计师可以把一些基础的常规工作交由人工智能去完成，从而在设计创新和用户沟通上投入更多精力。

和现在基于数据拟合的人工智能算法相比较，人类的思维是开放的、无穷尽的，且充满了灵感与创造力。行业内主流的观点认为，创造力是不可能被算法模仿和学习到的。例如，基于DGAN 的算法在学习了毕加索的画风之后，可以“画”出很像毕加索的画作，但它永远无法超越毕加索，更不能被称作伟大的艺术家。此外，人不仅能够创造，还具有情感和伦理道德观念。在可见的未来，人工智能不可能具备人类的这些特质。设计中艺术的一部分通常兼具感性和理性，那就决定了这一部分很难被人工智能取代。

虽然艺术本身难以被取代，但其中那些可以根据内在逻辑和规则形成封闭空间的科学部分，可以交由人工智能去完成。有了这个帮手，设计师可以有时间和精力去做更多有意义的事，从而发挥更大的创造力。

结合这些背景领域知识，我们分析广告图智能创作问题，尝试引入多种人工智能算法组合实现端到端的平面设计领域自动生成。

杂志设计、海报设计、PPT 设计、广告图设计在专业上都属于平面设计领域。平面设计，或者说视觉传达的本质是对信息的一种排序及处理。杂志、海报、PPT 这三种载体的信息类型及复杂程度都有很大差异。

杂志随着不同年代、不同读者需求有不同类型，*Esquire*、*GQ*、*VOGUE* 这种时尚杂志要给读者提供资讯类信息、穿衣指南的图文信息、新闻及人物特稿，设计师基于杂志的板块安排和页面先后顺序来处理信息，信息类型分为图、图文、引文、短文及长文等，因此根据不同杂志的风格来设计或规整版面是设计的一个难点，此外新闻类杂志在互联网浪潮冲击下出现了 *Bloomberg Businessweek*（《彭博商业周刊》，这里指其 2010 年年底的改版）这种刻意强化信息类型差异的杂志产品，其主编对于杂志的定义很大胆，新闻杂志是快速翻阅的，不像小说需要一页页读完，杂志在信息层次上需要丰富且醒目，帮助读者快速定位或查看到他感兴趣的内容，因此在设计上对于信息的处理极其主动大胆，图表和数据（大数字）被强化到与文章文本一样重要的程度，让杂志的翻阅感受极其跳跃。

海报承载的信息类型相对于杂志更加固定单一，但由于观看环境的改变，街头海报已经势微，社交媒体发布的电子海报成为现在主流的海报模式，基于社交媒体的瞬时性，电子海报的话题性本身变得更重要，图与文字的创意纯度都需要极其饱和，简单说就是图不仅需要有创意、有视觉美感，还需要营造戏剧冲突或设置悬念，这样整体上满足电子海报的传播需求。

PPT 作为基于演讲设计的信息产品，可以看作海报的排列组合，但由于演讲者的演讲词辅助及演讲气氛需要，语音、视频、动效设置也成了 PPT 设计要考虑的元素，PPT 在信息类型上不同于没有时间纬度考量的杂志和海报。

说回信息的排序和处理，首先，一定是有框架的，大的框架就是杂志设计的版心，就是 UI 设计师、网页设计师、海报设计师都会考虑的边距，设计师要在画布中划定一个范围，用以做信息的展示，那么这个框架标准怎么定呢？在传统设计中根据用途及大小，如一本 A2 的大画册和一本口袋书，在翻阅时手的握感是不同的，需要考虑拿书时手指不会遮挡内容，同样的交互考量到了移动端，则落实到像素，如微信 UI 的边距是 30 像素，更大、更多样性的屏幕则基于自适应原则去适配，无论是哪种信息载体，设计师都有一个共识，即需要基于画布去圈定信息展示的边界，这就是大的信息框架。小的信息框架，笔者理解为信息的排列组合，即图与文结合、文与文结合，图又可以分成照片、插画及图表。在电商公司，设计师需要设计商品详情页的展示模板，这几年在移动端，信息的模块化设计也被越来越多人熟知，而模板和模块，都是信息的框架，或者说是信息的组合。当信息的展示类型、交互习惯固定化，且要考虑到批量编辑的需要时，模板设计和模块设计就应运而生，这是效率优先的产物。设计师可以根据个人喜好或项目需求做突破框架的设计，如 David Carson 的诸多作品或现在设计圈的新丑风格（New Ugly）。如果我们关注的点是信息的传递，那么基于传递效率考量的设计模板和框架就是很自然且必要的存在。

4.1.2　工程化实践

下面简单介绍几种主流的解决上述问题的工程化方案。

国内某互联网公司对外公开的做法是通过规划器、优化器、生成器来共同构建海报设计的学习与生产过程。其中，规划器的作用是从大量的画作样本中学习不同风格的设计习惯与规律；优化器基于定量定性的美学设计原则，对规划器的输出结果做精细化调整；生成器选取素材并渲染成图。

在这个方案中素材库作为基础，负责管理核心的素材标签化数据。某互联网公司公开的智能作图逻辑如图 4-2 所示。

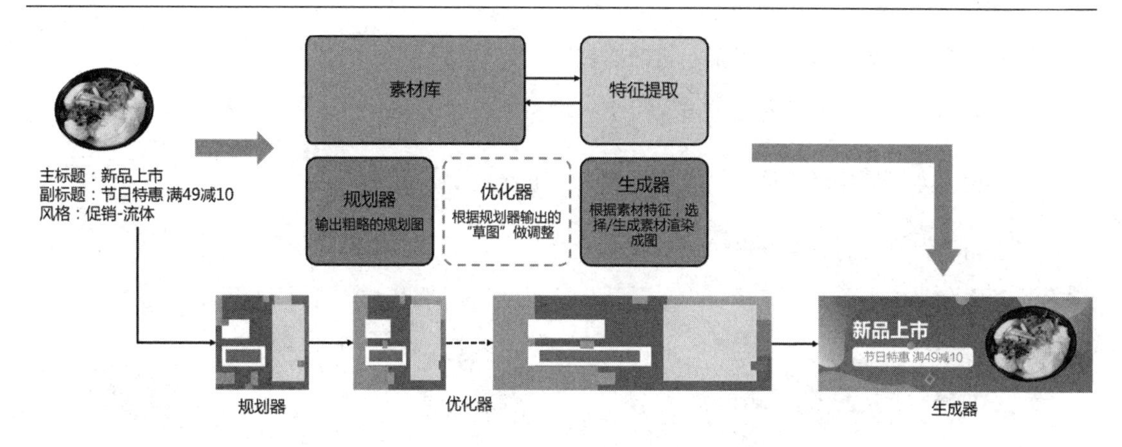

图 4-2　某互联网公司公开的智能作图逻辑

从微软研究院发表的一篇论文中可以看出，微软的做法是将广告图设计分成构图布局和样式两部分，预设一些主题类别，每个主题有布局模式、配色规则、元素设计规则等。用户先在前端输入文字、图片，然后系统自动路由到对应的主题，在某个主题空间中进行设计元素的匹配，最后渲染上色成图。

其中每个主题空间里都包含类似于布局方式、色板、字体、字体高度和字体宽度的限制条件。而文字与使用的色彩可以根据模板提供的变量，进行自动匹配或随机组合。微软的智能作图逻辑如图 4-3 所示。

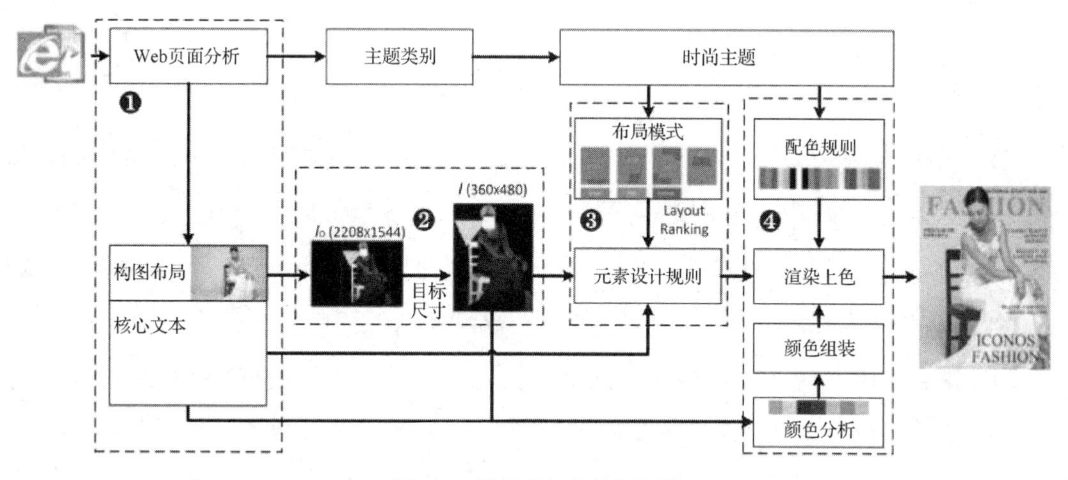

图 4-3　微软的智能作图逻辑

通过总结以上经验，再加上观察设计师是如何创作广告图的，可以发现如下规律。

- 每个设计师团队都有积累一定的素材库。
- 设计师在接到商品图、文案和场景的输入之后会到素材库挑选合适的素材组合。
- 设计师根据自己的美学偏好修正组合、细化成图。

广告图制作背后的业务逻辑如图 4-4 所示。

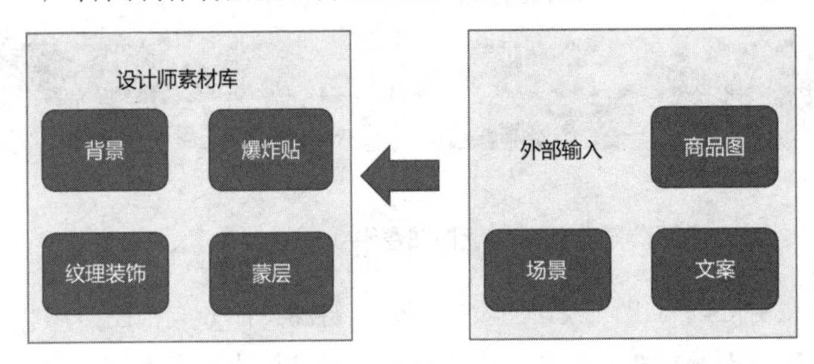

图 4-4　广告图制作背后的业务逻辑

通过上文的算法分析可以看出，素材图是广告图的基础元素，素材图本身可以很容易被特征化，组成广告图的若干不同素材图之间的叠加顺序也可以被序列化，因此，从本质上来看，算法其实就是学习在什么时候、选择某种素材、放在哪里。因此我们可以将每一个元素解析成一组标签数据，如色度、偏好、场景等，如果将这组标签数据定义为一个一维向量，那么可以将该问题转换成求解多个一维向量的组合优化问题。该问题的问题域是多个一维向量的乘积，而目标函数就是美学函数。

对于解决此类组合优化问题，我们有以下两种做法。

第一种做法是基于 GAN 的深度学习算法，其优势是可以端到端地生成海报图像，但在我们的应用场景下，GAN 存在以下两个问题。

- 输入方面：虽然 Conditional-GAN 可以实现某种程度有条件地可控生成，但对于 Banner 设计任务来说，其输入信息（文案、目标风格、主体信息）仍然过于复杂。
- 输出方面：虽然 GAN 可直接生成源数据（图像），但非常缺乏可解释性。我们需要的是更加直观、更有可解释性的信息，如素材的类型、颜色、轮廓、位置等。

第二种做法是采用类似传统机器学习的结构化处理办法，模仿设计师的日常操作，采用若干阶段的算法组合实现目标。如图 4-5 所示，输入历史成图，经过图像语义分割和人工标注，将历史成图转换成设计结构化数据，再通过学习设计结构化数据训练生成规划器算法，然后输入结构化需求，用规划器生成较优的元素种类序列，生成草图给行动器，从美学函数逼近中选择合适的元素+摆放位置的多维数据，再交给构建器，用构建器贴图上色，生成 N 张成图。最后用评估器从中选择最好的 M（$M<N$）张成图交给用户。

涉及结构化数据的元数据包括以下内容。

- 成图结构化数据。
- 元素结构化数据。

用户输入的结构化需求如下。

- 主题风格。
- 量化空间。
- 量化视觉。
- 生成复杂度。

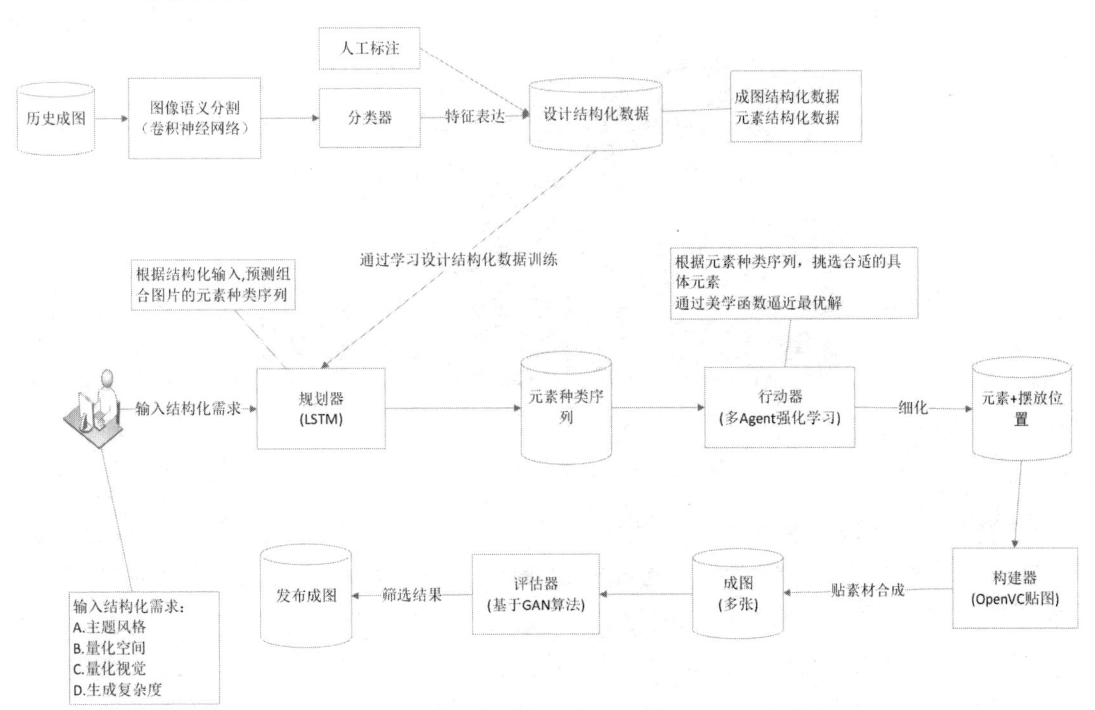

图 4-5　广告图智能制作的整体架构逻辑

下面针对图 4-5 中的几个核心技术进行探讨。

1．成图怎么变成分割素材

在工业界，通常采取全卷积神经网络（FCN）来实现商品图像的目标分割。

一个典型的全卷积分割把如图 4-6（a）所示的背景剔除，分割出如图 4-6（b）所示的人和动物。

（a）

（b）

图 4-6　一个典型的全卷积分割效果

图像分类是"图像与类别"的关系映射。输入图像经过卷积神经网络层层深入，提取特征，然后这些特征被全连接网络展平，通过 softmax 映射成各类别的概率，计算出图像的类别。图像分割是"图像与图像"的关系映射，也可以理解为"像素与像素"的关系映射，要达成像素与像素的映射，目标的尺寸和输入图像的尺寸应一致。但是，在卷积过程中，通常特征图的数量越来越多，但尺寸却越来越小。于是，就有了卷积的逆转过程。卷积的逆转要怎么实现呢？卷积逆转的目的是把卷积过程中池化变小的特征图再变大回来。在卷积过程中，特征图变小主要是通过 stride>1 的池化过程完成的，这个过程称为下池化，也称为下采样池化。那么问题来了，在卷积过程中，不做下采样池化不就可以了。然而，下采样池化能够带来更好的泛化能力，如果不做下采样池化，卷积神经网络的效果就没那么好了。因此不能不做下采样池化，只能把下采样池化变小的图像再上采样池化回来。笔者个人理解，无论下采样池化还是上采样池化都能提高网络的泛化能力。

因此，卷积的逆转重点在于上采样池化。基于 Keras 框架创建一个经典的全卷积神经网络模型算法的代码如下。

```
class FullyConvolutionalNetwork():
    #此处定义了该神经网络输入图像的大小和尺寸
    def __init__(self, batchsize=1, img_height=224, img_width=224, FCN_CLASSES=21):
        self.batchsize = batchsize
        self.img_height = img_height
        self.img_width = img_width
        self.FCN_CLASSES = FCN_CLASSES
        self.vgg16 = VGG16(include_top=False,
                           weights='imagenet',
                           input_tensor=None,
                           input_shape=(self.img_height, self.img_width, 3))
    #此处定义了神经网络的层次结构，可以看到该模型一共定义了 18 层 vgg16 神经网络
    def create_model(self, train_flag=True):
        #(samples, channels, rows, cols)
        ip = Input(shape=(self.img_height, self.img_width, 3))
        h = self.vgg16.layers[1](ip)
        h = self.vgg16.layers[2](h)
        h = self.vgg16.layers[3](h)
        h = self.vgg16.layers[4](h)
        h = self.vgg16.layers[5](h)
        h = self.vgg16.layers[6](h)
        h = self.vgg16.layers[7](h)
        h = self.vgg16.layers[8](h)
        h = self.vgg16.layers[9](h)
        h = self.vgg16.layers[10](h)

        # split layer
        p3 = h
        h = self.vgg16.layers[11](h)
        h = self.vgg16.layers[12](h)
        h = self.vgg16.layers[13](h)
```

```
        h = self.vgg16.layers[14](h)

        # split layer
        p4 = h
        h = self.vgg16.layers[15](h)
        h = self.vgg16.layers[16](h)
        h = self.vgg16.layers[17](h)
        h = self.vgg16.layers[18](h)

        p5 = h
        #以上所有层都来自 vgg16，初始化参数来自 imagenet 预训练的 vgg16 模型
        # get scores
        #将第 3 个池化层的输出拿出来，做卷积
        p3 = Convolution2D(self.FCN_CLASSES, 1, 1, activation='relu', border_mode='vali
d')(p3)
        #将第 4 个池化层的输出拿出来，做卷积
        p4 = Convolution2D(self.FCN_CLASSES, 1, 1, activation='relu')(p4)
        #p4 做 2 倍上采样
        p4 = Deconvolution2D(self.FCN_CLASSES, 4, 4,
                output_shape=(self.batchsize, 30, 30, self.FCN_CLASSES),
                subsample=(2, 2),
                border_mode='valid')(p4)
        #裁剪图像
        p4 = Cropping2D(((1, 1), (1, 1)))(p4)

        #将第 5 个池化层的输出拿出来，做卷积
        p5 = Convolution2D(self.FCN_CLASSES, 1, 1, activation='relu')(p5)
        #p5 做 4 倍上采样
        p5 = Deconvolution2D(self.FCN_CLASSES, 8, 8,
                output_shape=(self.batchsize, 32, 32, self.FCN_CLASSES),
                subsample=(4, 4),
                border_mode='valid')(p5)
        p5 = Cropping2D(((2, 2), (2, 2)))(p5)

        # merge scores
        #p3、p4、p5 合并
        h = merge([p3, p4, p5], mode="sum")
        #合并后做 8 倍上采样
```

```
    h = Deconvolution2D(self.FCN_CLASSES, 16, 16,
            output_shape=(self.batchsize, 232, 232, self.FCN_CLASSES),
            subsample=(8, 8),
            border_mode='valid')(h)
    h = Cropping2D(((4, 4), (4, 4)))(h)

    #二维 softmax，生成 21 张二维图像
    h = Softmax2D()(h)
    return Model(ip, h)
```

2. 如何提取素材特征属性

如何提取素材特征属性，这是比较典型的分类问题。在计算机视觉领域，传统方案是提取图像的颜色、梯度等低级语义特征，结合传统的分类器（LR、SVM 等）来实现分类。近年来，基于深度学习的方法因其能表达更为复杂的语义特征，逐渐成为主流方法。

在实际工业化场景中，常常提取传统的低级语义特征+基于卷积神经网络的高级语义特征+人工标注来共同完成素材特征属性的提取。低级语义特征用图像分类的卷积神经网络抽取，高级语义特征基于全链接做特征综合。对于预训练网络处理小样本问题，实际上就是直接应用 pretained 模型抽取低级视觉特征部分的信息，再重新构造数据 domain-self 的高级语义特征。首先用 vgg16 的卷积网络提取特征，然后将特征输入全链接层，代码如下：

```
#抽取低级视觉特征
def extract_features(directory, sample_count):
    features = np.zeros(shape=(sample_count, 4, 4, 512))
    labels = np.zeros(shape=(sample_count))
    generator = datagen.flow_from_directory(
        directory,
        target_size=(150, 150),
        batch_size=batch_size,
        class_mode='binary')
    i = 0
    for inputs_batch, labels_batch in generator:
        features_batch = conv_base.predict(inputs_batch)
        features[i * batch_size : (i + 1) * batch_size] = features_batch
        labels[i * batch_size : (i + 1) * batch_size] = labels_batch
        i += 1
        if i * batch_size >= sample_count:
            break
```

```
    return features, labels
#针对训练数据抽取低级特征和标签
train_features, train_labels = extract_features(train_dir, 2000)
#针对验证数据抽取低级特征和标签
validation_features, validation_labels = extract_features(validation_dir, 1000)
#针对测试数据抽取低级特征和标签
test_features, test_labels = extract_features(test_dir, 1000)
#对训练数据、验证数据、测试数据做大小适配
train_features = np.reshape(train_features, (2000, 4 * 4 * 512))
validation_features = np.reshape(validation_features, (1000, 4 * 4 * 512))
test_features = np.reshape(test_features, (1000, 4 * 4 * 512))
#添加全链接层模型
model = models.Sequential()
model.add(layers.Dense(256, activation='relu', input_dim=4 * 4 * 512))
model.add(layers.Dropout(0.5))
model.add(layers.Dense(1, activation='sigmoid'))
#优化生成模型
model.compile(optimizer=optimizers.RMSprop(lr=2e-5),
            loss='binary_crossentropy',
            metrics=['acc'])
#模型训练
history = model.fit(train_features, train_labels,
                epochs=100,
                batch_size=20,
                validation_data=(validation_features, validation_labels))
```

这里需要注意的是，在编译和训练模型之前，一定要“冻结”vgg16 的权重参数，也就是说保持 vgg16 的权重值不变。因为我们添加的链接层是随机初始化的，如果不冻结 vgg16 的权重值，那么将会导致非常大的权重更新在网络中传播，这将会给在 vgg16 中已经学习好的特征提取参数造成非常严重的破坏。

3．如何通过素材结构化数据训练规划器

下面我们看一下如何通过素材结构化数据训练规划器。

如果在数据量较少的情况下，可以用线性回归直接预测组合的元素实例+布局；如果在数据量较多的情况下，可以用核密度或 LSTM 等高级算法预测元素特征属性+布局。

方案 1：利用简单的线性回归做组合预测。

将每个素材的特征值看成一个一维向量，将素材的合成结果看成多个一维向量在线性回归中的分类问题，用最小二乘法作为损失函数，通过梯度下降求最优解，就能得到一个有组合的结构化输出。

此时，这种问题就有点类似用线性回归预测股票价格、预测房价、根据历史数据做数据拟合的问题。

以局部线性回归算法举例，以下是核心源码。

需要注意的是，局部线性回归能很好地解决线性回归欠拟合的问题，但又可能会出现过拟合的问题。所以参数调整影响了模型的泛化能力，正确选取下列代码中的参数 K 至关重要。

```
#testPoint 是测试数据，xArr/yArr 是训练数据，K 是超参数
def lwlr(testPoint,xArr,yArr,k=1.0):
xMat = np.mat(xArr); yMat = np.mat(yArr).T
m = np.shape(xMat)[0]
weights = np.mat(np.eye((m)))
for j in range(m):                          #每两行创建一个预测结果
    diffMat = testPoint - xMat[j,:]        #计算训练结果和测试结果之间的矩阵偏差
    weights[j,j] = np.exp(diffMat*diffMat.T/(-2.0*k**2))    #生成权重矩阵
xTx = xMat.T * (weights * xMat)
if np.linalg.det(xTx) == 0.0:
    print ("This matrix is singular, cannot do inverse")
    return
ws = xTx.I * (xMat.T * (weights * yMat))   #normal equation
return testPoint * w
```

方案 2：首先对素材图文进行聚类，然后用核密度估算各种聚类之间的关系。

类似传统 OCR 用颜色密度极值的方式来做核密度聚类，我们此处采用高斯核密度估计，针对某一类型下成图的各个素材的布局（长、高、宽和夹角）进行布局聚类。下面是基于 Python 的高斯核密度估计的核心源码。

```
#初始化算法超参数
def __init__(self, epsilon, MinPts):
    self.epsilon = epsilon
    self.MinPts = MinPts

def dist(self, x1, x2):
    return np.linalg.norm(x1 - x2)
```

```
    #计算核心对象组
    def getCoreObjectSet(self, X):
        N = X.shape[0]
        Dist = np.eye(N) * 9999999
        CoreObjectIndex = []
        for i in range(N):
            for j in range(N):
                if i > j:
                    Dist[i][j] = self.dist(X[i], X[j])
        for i in range(N):
            for j in range(N):
                if i < j:
                    Dist[i][j] = Dist[j][i]
        for i in range(N):
            #获取对象周围小于 epsilon 的点的个数
            dist = Dist[i]
            num = dist[dist < self.epsilon].shape[0]
            if num >= self.MinPts:
                CoreObjectIndex.append(i)
        return np.array(CoreObjectIndex), Dist

    def element_delete(self, a, b):
        if isinstance(b, np.ndarray) == False:
            b = np.array([b])
        for i in range(b.shape[0]):
            index = np.where(a == b[i])
            a = np.delete(a, index[0])
        return a

    def fit(self, X):
        N = X.shape[0]
        CoreObjectIndex, Dist = self.getCoreObjectSet(X)
        self.k = 0
        self.C = []
        UnvisitedObjectIndex = np.arange(N)

        while(CoreObjectIndex.shape[0] != 0):
            old_UnvisitedObjectIndex = copy.deepcopy(
                UnvisitedObjectIndex)  #记录当前未访问的样本 id
```

```
        OriginIndex = np.random.choice(
            CoreObjectIndex.shape[0], 1, replace=False)  #随机选取一个核心对象
        Queue = np.array([-1, CoreObjectIndex[OriginIndex]])  #初始化队列

        CoreObjectIndex = self.element_delete(
            CoreObjectIndex, CoreObjectIndex[OriginIndex]) #将核心对象 id 从 id 集合中除去
        while(Queue.shape[0] != 1):
            #取出队列中首个样本 id
            index = Queue[0]
            if index == -1:
                Queue = np.delete(Queue, 0)
                Queue = np.append(Queue, -1)
                continue

            Queue = self.element_delete(Queue, index)
            index = int(index)
            DistWithOthers = Dist[index]
            OthersIndex = np.where(DistWithOthers < self.epsilon)[0]
            num = OthersIndex.shape[0]
            if num >= self.MinPts:
                delta = list(set(OthersIndex).intersection(
                    set(UnvisitedObjectIndex)))  #取核心对象的样本和未访问样本集合的交集
                delta = np.array(delta)
                Queue = np.append(Queue, delta)
                UnvisitedObjectIndex = self.element_delete(
                    UnvisitedObjectIndex, delta)

        self.k += 1
        self.C.append(
            self.element_delete(old_UnvisitedObjectIndex, UnvisitedObjectIndex))
        CoreObjectIndex = self.element_delete(
            CoreObjectIndex, self.C[self.k - 1])
    print("共有{} 个簇".format(self.k))
    Y = np.zeros(X.shape[0])
    for i in range(self.k):
        Y[self.C[i]] = i + 3

    return Y
```

方案 3：用 LSTM 做时间序列分析。

设计师在编排广告图的时候，前后步骤之间会有上下文关系，非常类似于下棋和语义动作，所以可以用 LSTM 做时间序列分析。基于 LSTM 的图层排列输出如图 4-7 所示。

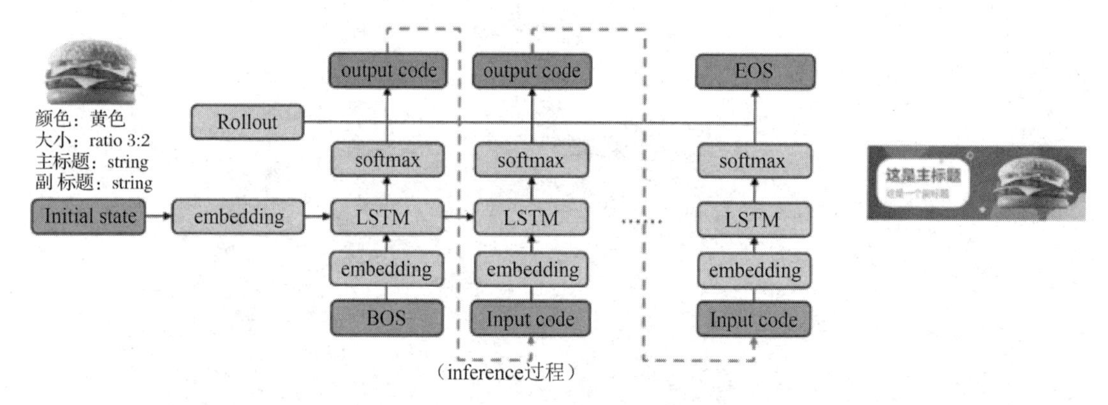

图 4-7　基于 LSTM 的图层排列输出

以下是基于 Python 的 LSTM 的核心源码。

```
def perceptron_model():
    #多层感知器模型，hidden_layer_num 隐藏层层数
    """这里导入的数据不需要进行 reshpe 改变，直接用 datax.append(x)，datay.append(y)的数据"""
    model=Sequential()
    model.add(Dense(units=hidden_layer_num,input_dim=look_back,activation='relu'))
    model.add(Dense(units=hidden_layer_num, activation='relu'))
    model.add(Dense(units=1))
    model.compile(loss='mean_squared_error',optimizer='adam')
    return model

def time_model():
    #LSTM 搭建的 LSTM 回归模型
    model=Sequential()
    model.add(LSTM(units=hidden_layer_num,input_shape=(1,look_back)))#4 个隐藏层或者更多
    model.add(Dense(units=1))
    model.compile(loss='mean_squared_error',optimizer='adam')
    return model


def time_step_model():
    #使用时间步长的 LSTM 回归模型
    model=Sequential()
```

```
    model.add(LSTM(units=hidden_layer_num,input_shape=(look_back,1)))
    model.add(Dense(units=1))
    model.compile(loss='mean_squared_error',optimizer='adam')
    return model

def memory_batches_model():
    #LSTM 的批次时间记忆模型
    model=Sequential()
    #通过设置 stateful 为 True 保证 LSTM 层内部的状态一致，从而获得更好的控制
    model.add(LSTM(units=hidden_layer_num,batch_input_shape=(batch_size,look_back,1),
    stateful=True))
    model.add(Dense(units=1))
    model.compile(loss='mean_squared_error',optimizer='adam')
    return model

def stack_memory_batches_model():
    #两个叠加的 LSTM 的批次时间记忆模型
    model=Sequential()
    #通过设置 return_sequences 为 True 保证每个 LSTM 层之前的 LSTM 层返回序列，将 LSTM 扩展为两层
    model.add(LSTM(units=hidden_layer_num,batch_input_shape=(batch_size,look_back,1),
    stateful=True,return_sequences=True))
    #通过设置 stateful 为 True 保证 LSTM 层内部的状态一致，从而获得更好的控制
    model.add(LSTM(units=hidden_layer_num,input_shape=(batch_size,look_back,1),
    stateful=True))
    model.add(Dense(units=1))
    model.compile(loss='mean_squared_error',optimizer='adam')
    return model
```

4．如何优化规划器预测出来的元素排列和布局组合

规划器预测素材的量化特征，为了确保最终成图符合美学标准，需要一个后处理的过程。我们在架构上可以用优化器来解决这个问题。

通过访谈和业务学习，我们设计了一些基于常规设计理念和美学标准的目标函数，动作集合包括移动、缩放、亮度调整等，结合规则的知识推理，提升 Banner 的视觉效果。

这里可以参考微软论文 *Automatic Generation of Visual-Textual Presentation Layout*，用一套数学函数来表达美学评价，本质上就是引入注意力检测算法，将衡量画面美感看作文字块和图像块的布局量化问题，然后通过注意力检测算法寻找最优的布局评价函数。

注意力检测算法是模仿人类注意力而提出的一种解决问题的办法，简单地说，就是从大量信息中快速筛选出高价值信息。针对本问题，注意力检测算法的主要作用是解决图像生成序列的结果空间太大导致搜索获得合理结果太困难的问题，做法是保留每一阶段的中间结果，用新的模型对中间结果进行学习，并将中间结果与输出进行关联，从而达到信息筛选的目的。

下列是一个基于 Keras 的自注意力模型的核心代码。

```
class Self_Attention(Layer):
    def __init__(self, output_dim, **kwargs):
        self.output_dim = output_dim
        super(Self_Attention, self).__init__(**kwargs)
    def build(self, input_shape):
        #创建一个 3×2 的核心训练层
        self.kernel = self.add_weight(name='kernel',
                                      shape=(3,input_shape[2], self.output_dim),
                                      initializer='uniform',
                                      trainable=True)

        #通过 Layer 参数重构模型
super(Self_Attention, self).build(input_shape)
      #用训练数据训练模型，其中损失函数是 softmax
    def call(self, x):
        WQ = K.dot(x, self.kernel[0])
        WK = K.dot(x, self.kernel[1])
        WV = K.dot(x, self.kernel[2])
        print("WQ.shape",WQ.shape)
        print("K.permute_dimensions(WK, [0, 2, 1]).shape",K.permute_dimensions(WK, [0,
2, 1]).shape)
        QK = K.batch_dot(WQ,K.permute_dimensions(WK, [0, 2, 1]))
        QK = QK / (64**0.5)
        QK = K.softmax(QK)
        print("QK.shape",QK.shape)
        V = K.batch_dot(QK,WV)
        return V
```

5. 通过优化的组合贴图生成

优化后的素材特征序列通过 OpenCV 或 Python 都可以渲染成图。

下面是 Python 合成图像的核心源码。

```
import PIL.Image as Image
import os

IMAGES_PATH = 'xxxx'  #图像集地址
IMAGES_FORMAT = ['.jpg', '.JPG']  #图像格式
IMAGE_SIZE = 256  #每个图像的大小
IMAGE_ROW = 4  #图像间隔，也就是合并成一个图后，一共有几行
IMAGE_COLUMN = 4  #图像间隔，也就是合并成一个图后，一共有几列
IMAGE_SAVE_PATH = 'yyyy'  #图像转换后的地址

#获取图像集地址下的所有图像名称
image_names = [name for name in os.listdir(IMAGES_PATH) for item in IMAGES_FORMAT if
            os.path.splitext(name)[1] == item]

#对参数的设定和实际图像集的大小进行数量判断
if len(image_names) != IMAGE_ROW * IMAGE_COLUMN:
   raise ValueError("合成图像的参数和要求的数量不能匹配！")

#定义图像拼接函数
def image_compose():
   #创建一个新图
   to_image = Image.new('RGB', (IMAGE_COLUMN * IMAGE_SIZE, IMAGE_ROW * IMAGE_SIZE))
   #循环遍历，把每个图像按顺序粘贴到对应的位置上
   for y in range(1, IMAGE_ROW + 1):
      for x in range(1, IMAGE_COLUMN + 1):
         from_image = Image.open(IMAGES_PATH + image_names[IMAGE_COLUMN * (y - 1) + x
- 1]).resize(
            (IMAGE_SIZE, IMAGE_SIZE),Image.ANTIALIAS)
         to_image.paste(from_image, ((x - 1) * IMAGE_SIZE, (y - 1) * IMAGE_SIZE))
   return to_image.save(IMAGE_SAVE_PATH) #保存新图
image_compose() #调用函数
```

4.2 人工智能与保险文本设计

由于在传统保险和基金等金融产品的设计过程中，需要大量的线下问卷调查、线下数据整

合和人为的经验设计，因此失真率高、金融合约漏洞多、成本高。本节将以运用人工智能技术做保险文本设计为例，介绍实际工程化落地中的业务场景和工程化实践。

4.2.1 业务场景

上一节中介绍了如何用人工智能设计广告图，类似的还有用人工智能编曲、用人工智能拍摄视频，它们的共同特点是用人工智能计算处理一些非线性的多维数据。除此之外，人工智能还可以用于做一些保险文本设计。例如，针对用户的特性数据，动态设计保险文本合同和条款推荐给用户，达到千人千保险、个性化保险设计。这其中主要用到文本结构化和自然语言理解技术。本节将简要介绍一下工业界的常用方案。

从算法上来说，保险文本设计的本质就是保险文本结构化建模，其主要包括以下三个阶段的工作。

- 第一阶段：将非结构化的合同文本变成结构化数据。
- 第二阶段：结构化数据的定性定量分析。
- 第三阶段：既可以将定量分析包装成保险推荐，也可以将定量分析包装成保险咨询购买机器人。常见的应用场景有美国的 Next insurance 保险咨询购买机器人、国内太平洋保险的阿尔法保险机器人。

4.2.2 工程化实践

在工业界中，针对保险文本结构化建模一般有两种方案：基于分词和规则的方案和基于深度学习的方案。

基于分词和规则的方案可解释性好、需要数据样本量较小，下面深入探讨一下该方案。

常用的保险术语如下。

- 条款名：保险合同的条款名。
- 事项名：保险合同格式条款中的规定事项，如保险责任。
- 属性名：某事项下主体、金额、结果等信息名词。

- 描述值：与属性名对应的描述性信息。

基于传统算法的文本结构化模型如图 4-8 所示。

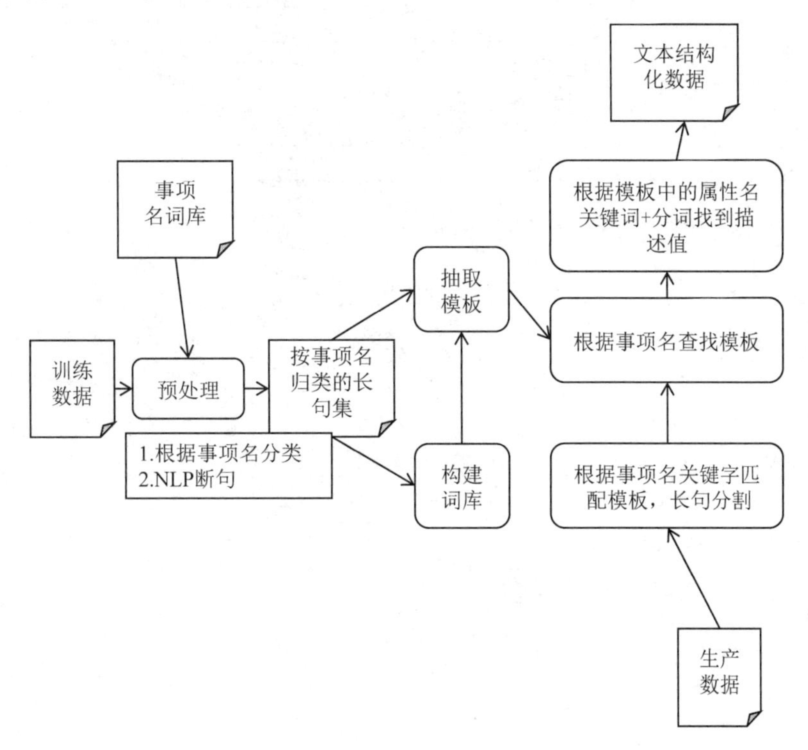

图 4-8　基于传统算法的文本结构化模型

训练数据来源于既存保险合同文本。文本结构化数据如表 4-1 所示。

表 4-1　文本结构化数据

保险文本标题	保险文本内容
条款名	××××重疾条款
事项名	保险责任
子事项名	重大疾病保险金
属性名	主体
	限制期
	原因
	给付标准
	金额
	结果

续表

保险文本标题	保险文本内容
描述值	被保险人
	生效之日起 180 日内
	重大疾病
	重大疾病保险金
	实际缴纳保费
	合同终止

针对图 4-8 中的核心技术点做如下简单介绍。

首先是如何构建词库，传统的做法一般是使用结巴分词，或者用斯坦福大学的 CoreNLP 分词/关键词提取/词性标注/依存语法分析，但是需要注意的是，保险合同文本包括大量专业性和独有性词汇，词性和语法分析对它没有太多用，所以在工业界中一般不做词性和语法分析，先只提取关键词，然后进行人工审核，最后筛选出保险专业词库。基于传统算法的保险专业词库的创建如图 4-9 所示。

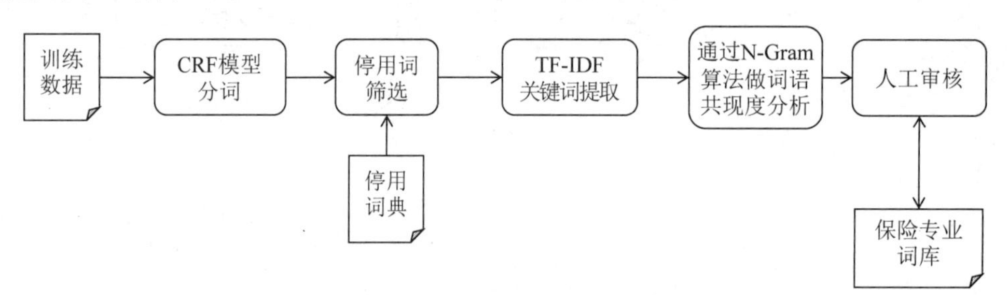

图 4-9　基于传统算法的保险专业词库的创建

接下来是如何根据训练数据抽取模板。先通过 Signal-pass 算法对训练数据做文本聚类，然后依靠前面得到的保险专业词库在同类长文本空间里通过 IC-VALUE 求解得到关键词组，最后归类得到 RDF 模板。基于传统算法的文本 RDF 模板的提取如图 4-10 所示。

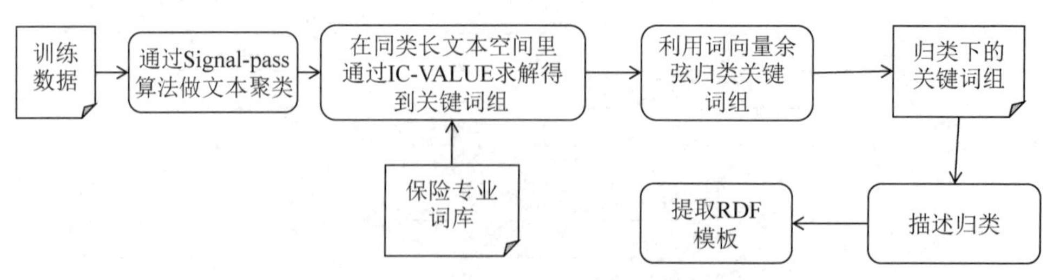

图 4-10　基于传统算法的文本 RDF 模板的提取

其中，Signal-pass 算法模型如图 4-11 所示。

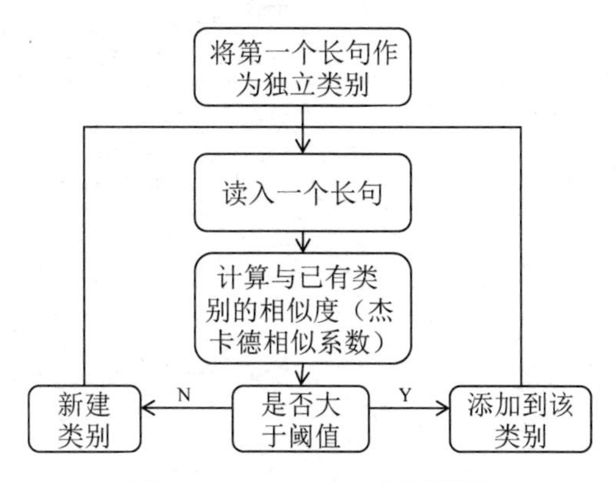

图 4-11　Signal-pass 算法模型

某保险合同文本通过 IC-VALUE 求解得到的关键词组如表 4-2 所示。

表 4-2　某保险合同文本通过 IC-VALUE 求解得到的关键词组

事项名	文本聚类类别	关键词组
合同构成	保险权利义务关系	保险条款/个人保险基本条款/附贴批单/批注单
	附加险合同	主险合同/保险合同/批单/批注

需要注意的是，在关键词提取中需要用到词向量去重技术，此处可以直接使用已预训练好的词向量算法包以减少工作量。提取 RDF 模板之前的描述归类的作用是给同一类描述取属性名，方便后面作图搜索或知识计算。

最后提取出来的 RDF 模板可以用如表 4-3 所示的形式表达，基于这种结构化数据结构，我们就能用类似 SQL 的结构化查询处理加工数据。

表 4-3　经过 RDF 清洗得到的文本模板

事项名	合同构成	保险责任	减保
RDF 模板	保险单、基本条款、附加条款、告知书、投保单、申请书	主体、限制期、原因、给付标准、金额、结果	时间范围、减保补偿、保险金额、保费公式、公司责任

还有一种办法就是把 RDF 模板用知识图谱形式表达（见图 4-12），基于此我们就能用知识搜索或图论等算法处理，限于篇幅此处就不展开了。

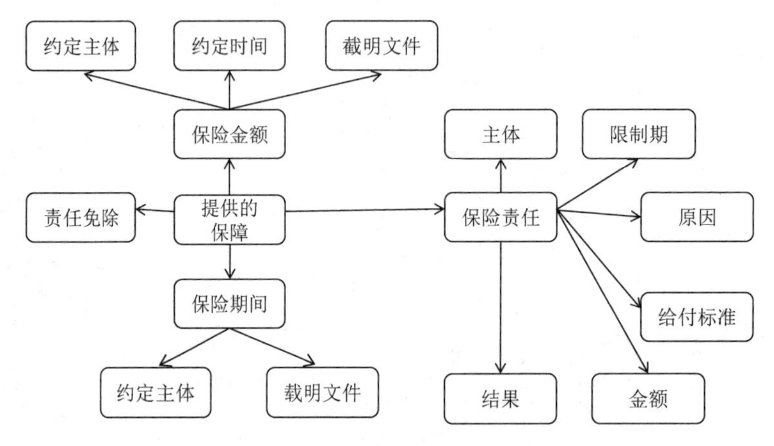

图 4-12 基于图模型的 RDF 模板

以上是基于分词和规则的方案。

下面我们简单介绍一下基于深度学习的方案。基于深度学习的方案要求数据样本量比较大，可解释性比较差，在参数调优中容易陷入“老中医凭直觉”的问题，但是效果往往奇佳。基于深度学习的方案有以下两种可行的方案。

第一种可行的方案是通过有监督多分类算法对文本结构做数据划分，通过人工标注做大文本分类，给合同文本自动打标签，但是可解释性差，可以采用隐含狄利克雷分布模型或 Seq2Seq+Attention 模型，从实践上来看，需要 2 万个以上的标注数据样本。基于有监督文本分析的文本建模如图 4-13 所示。

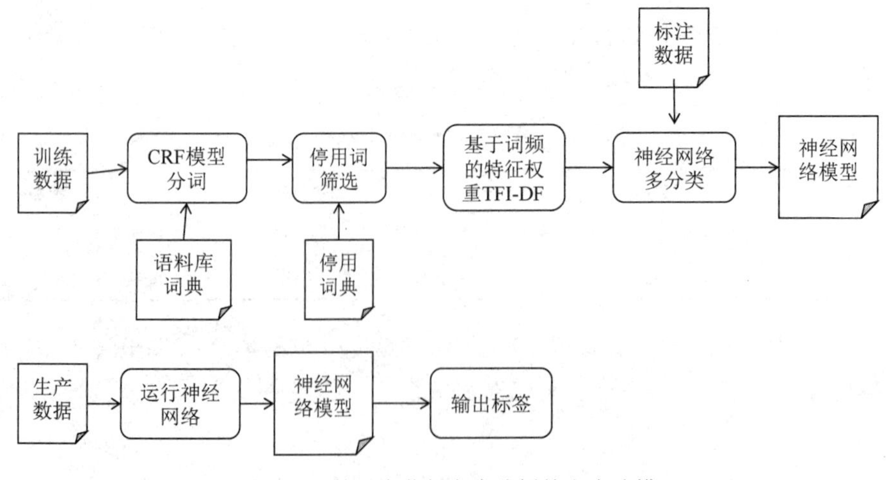

图 4-13 基于有监督文本分析的文本建模

第二种可行的方案是通过有监督算法在文本结构中做意图提取，通过 MITIE 模型抽取语料特征，然后通过 Sklearn 算法做意图分类。实际上很多机器人问答系统就是基于这种架构制作的，大家可以参考 rasa_nlu_chi 开源框架，具体的就不在这里赘述了。基于无监督文本分析的文本建模如图 4-14 所示。

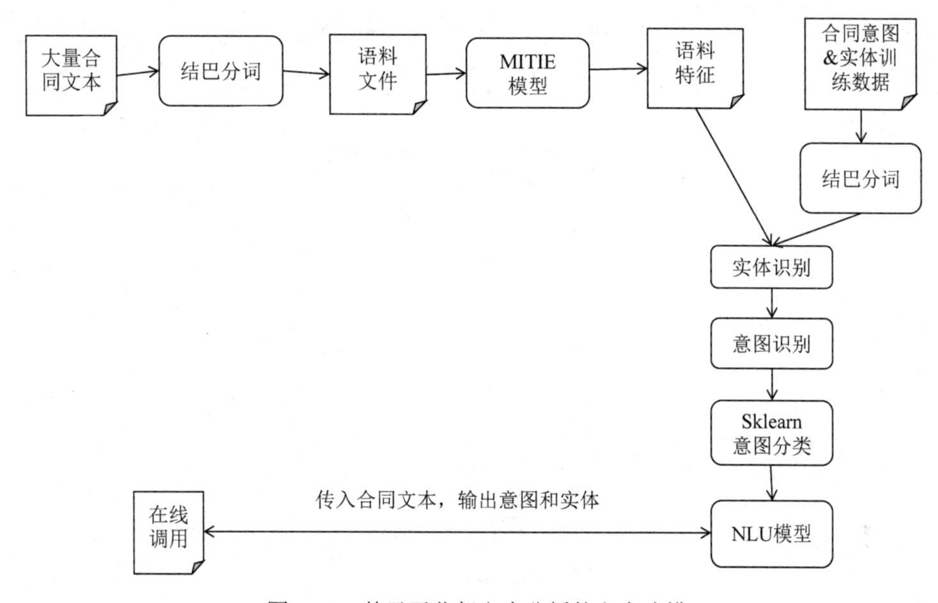

图 4-14　基于无监督文本分析的文本建模

在前两部分中，我们介绍了人工智能的基本概念、基本算法和工业化应用场景。一个想要在实际项目中落地应用人工智能算法能力的公司，应如何快速地将人工智能能力工程化、产品化呢？

为了帮助中小型企业快速地实现人工智能工程化，在这一部分中，我们将介绍企业架构中的大中台战略，包括技术中台、数据中台、业务中台，以及在数据中台的基础上建设的人工智能中台。

同时在企业宏观战略和架构维度上，我们会阐述如何通过人工智能中台对企业进行人工智能赋能，让企业在业务线上具有使能。

接下来，我们会在落地层面介绍如何基于云计算和 DevOps 构建企业人工智能中台，其中包括如何实现 GPU 虚拟化、如何让算法训练标注服务化全流程自动化、如何在云上环境落地自动化训练和分布式训练等高阶算法能力，通过这部分的学习，读者能够从较深入的角度切入企业人工智能中台的各种底层实现，为构建人工智能中台做好准备。

人工智能中台构建

第 5 章

人工智能中台化战略

5.1 企业架构中的大中台战略

现在不管是大型企业还是中小型企业都会面临外部市场的快速变化，因此企业需要拥有类似创业公司般的快速反应能力。然而随着企业规模的增长，人员和层级关系也逐渐复杂，如何适应市场的快速变化就成为一个难题。

一般企业的职能部门大多采用分治的树状组织架构，层级越多，不管是从上至下还是从下至上推动起来的阻力就越大，这中间如果任何一环节出了问题就难以进行。并且各业务线一般各自拥有 KPI，更进一步增加了协作难度。传统企业的树状组织架构如图 5-1 所示。

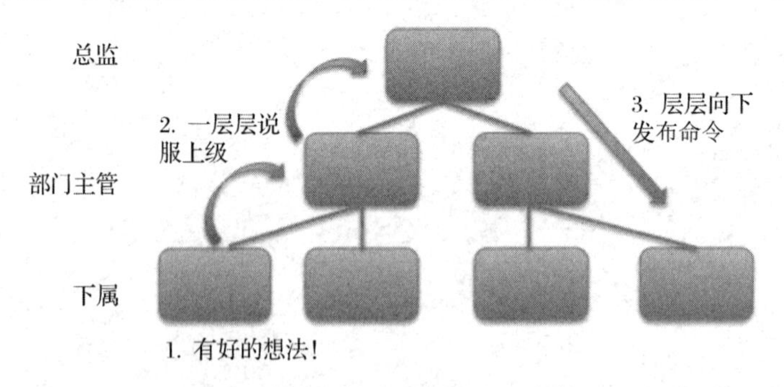

图 5-1　传统企业的树状组织架构

即使获得上层支持，克服重重困难，从各部门抽调和招兵买马，成立了新的业务部门，也将花费相当多的时间，在这期间快速变化的市场很有可能出现方向的转换，之前的努力又将如何处理？

面对这个共同难题各大组织尝试了各种解决方案。例如，阿里巴巴在 2016 年提出了“大中台小前台”的战略，将业务共同的工具和技术予以沉淀，成立专门的中台部门。因此，新的项目可以重用中台服务而不用完全重新设计，避免重复功能建设和维护带来的浪费。不仅在商界如此，美军同样设计了新的战斗方式，每 3 人一个小组，战斗需要时可随时调集后方火力、信息和后勤支援，灵活而成本低廉。大中台小前台的组织架构如图 5-2 所示。

图 5-2　大中台小前台的组织架构

在编程领域其实也早有类似的概念，中台类比到编程领域，就是形成可复用的函数库，抽象共性，减少重复开发次数，提高迭代效率。中台其实就是将人力、技术和服务重新组织的一种方式。例如，数据中台维护底层数据能力，内容中台将各类资讯汇总整理，为各业务提供丰富的资讯资源；推荐营销中台抽象推荐系统的共性，为各业务提供营销的快速接入能力。这样做的好处就是协调起来更加方便统一，如数据中台可根据业务优先级管理流量和负载分配，在各部门独立时代做到这些是相当困难的。另外中台还有一大好处——分担风险。

当然中台也是有对应的要求的，中台要求公司结构的扁平化管理模式，尽量少的条条框框，制度灵活、基础设施（如数据库和代码库）统一，否则实施起来很困难。

虽然中台相比于传统模式有优势，但是存在实践和理论的隔阂。中台该做什么不该做什么、如何与业务方良好协同、如何评估 KPI 都成了难题。

我们可以根据中台对业务方的参与度绘制成一张图，如图 5-3 所示。

图 5-3　不同企业中台对业务的参与度

轴的最左边：仅提供工具库和少量答疑维护，不对最终业务效果负责。绝大多数开源项目、数据库都可以归于这种中台。

轴的最右边：All-in 参与业务方的大部分流程，从运营业务到数据模型事无巨细。这种中台被称为“高级外包”。

对于中台存在的左右不一致问题，我们形象地称为左倾和右倾问题。

如果越倾向于左边，工具抽象和通用能力越强，赋能业务越多，技术人员能专注于技术本身。但这样就是最优的吗？不一定。越倾向于左边，无法深入业务场景的概率就越大，很有可能无法接受业务反馈滋养，最后导致故步自封，甚至为了技术而技术变得学究派，过于独立的中台变成了纯后台。

在最右边则是另一种极端，其优点也非常明显：此时中台完全融入业务，有完整的业务意识，非常理解并能快速应对需求，与业务方打成一片，被称为“高级外包”。但是缺点也很明显，该模式下的人力一般只能覆盖单一业务，很难对外辐射。因为毕竟人的精力有限，如果技术人员过于关注业务，就会导致中台的技术深度相对较浅。

我们要同时警惕这两种极端，但从整体来看，最容易被忽视的反而是右倾。右倾构建了看似美好的中台合作模式、亲密无间的服务，但是人们很容易忽略其中的问题，过分具象和强耦合会导致中台能力难以沉淀在通用的工具和理论上，当遇到其他相关业务需求时，大概率原有产品并不能支持，导致应对变化的能力不足，一旦业务方向变化就可能前功尽弃。

受限于中台的资源投入，过重的服务模式会导致只能覆盖有限的业务。因此中台不得不评估各项目的重要程度，拒绝部分优先度较低的前台业务。因此前台可能会为自己的业绩考虑去自行组团队完成项目，进而导致中台与前台隔阂。如果增加中台资源投入并全面地参与到业务方，则会导致侵入性增强，人的问题会成为最大的问题，中台可能会架空业务方人员，引起猜疑，甚至中台部分业务可能被并入业务方，导致中台骨干流失。

那么什么才是最优的人工智能中台模式呢？

合理的人工智能中台应该能最快、最好地满足企业的人工智能工程化需求，其提供的服务应该像空气一样，不特意感受就察觉不到存在，但它又是必不可少的。

要做到上述目标，中台必须有对应领域过硬的能力积累。例如，算法中台需要有扎实的理论基础，搜索中台在搜索方面的积累更是要达到业务方想不到的程度。打铁还需自身硬，否则被革命掉只是时间问题。

中台一方面提供服务，另一方面则促进人和人之间的交流和沟通，加强换位思考能力。原本不同方向的人为了共同的目标在一起工作，这样就能够迅速地学习对方的能力。在任务告一段落后，我们需要总结并关注：业务方是否能自主维护、改进甚至优化中台的工作和技术；中台是否能通盘理解业务和积累技术沉淀。因此，在合作开展初期，可适当右倾，中台快速全面地熟悉业务，建立共识；随着业务深入，业务方逐渐吸收消化，中台慢慢后撤，最终业务方可自行处理大部分问题。

一般来说，在提供相同服务质量的前提下，对业务问题的抽象能力越高，中台的参与度就越往左。典型的例子就是 SQL，它将数据处理的需求抽象得如此淋漓尽致，技术人员能专注于性能优化，业务方能灵活操作数据逻辑，最终一起完成业务目标。

因此，中台应当考虑以下问题：应该如何合理抽象自己的服务和技术，才能将业务和底层解耦？应该如何设计领域特定语言（DSL），才能使业务方方便使用，也易于理解？TensorFlow 和 Keras 等深度学习框架成功的一大部分原因，就是拥有了设计非常良好的深度学习原语。越好的抽象和领域原语，就越能发挥前台人员的业务优势和主观能动性，极大地提高了沟通效率。

同样，业务方也必须能把自己面临的问题予以清晰地定量描述，参数、环境和目标应该能明白、清晰地量化并形成可解释的文档。提出过于模糊的、抽象的（不管用什么方式，以提升 KPI 为目标），甚至不切实际的目标，就是业务方的不负责任。清晰的分界和明确的问题是大家应做之事，毕竟双方的精力都是有限的，只有做好分内之事才能快速实现目标。

另外在沟通方面，主管之间的密切配合也是不可或缺的，需要建立一套紧密沟通机制，如定期参与前端的业务周会，同时有明确的接口人机制。笔者见过不少例子，多个接口人会导致信息冗杂失真、传播不畅，效率非常低。接口人需要熟悉业务，明确业务问题，拥有较强的沟通能力。业务域和中台域之间的沟通机制如图 5-4 所示。

综上所述，一个好的中台服务不仅强调要给业务方提供强大的技术能力，能解决业务上的各种难题，还需要提供易于使用的一种抽象工具，隔离具体实现和业务之间的强耦合。更强调与业务方的互动反馈，毕竟没有需求，功能再强大也是一种资源投入的浪费，业务需求和中台之间的良性互动不仅能提升企业的战斗力，也能提高自身的技术能力，技术人员也将从中受益。

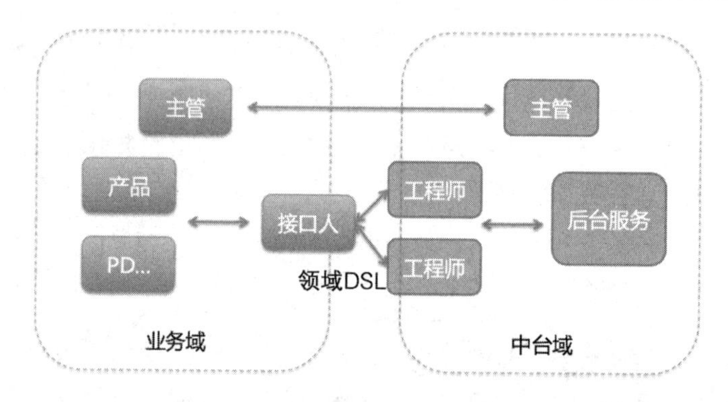

图 5-4　业务域和中台域之间的沟通机制

5.2　人工智能中台与数据中台

企业对数据的利用分为三个阶段：响应运营、响应业务、创造业务。其中，数据中台解决的是第二阶段响应业务，第三阶段创造业务，则需要人工智能中台。

在讲人工智能中台之前，我们简单介绍下到底什么是数据中台。

数据中台对一个企业的作用毋庸置疑。在数据中台这个称谓出现之前，各个企业已经在用不同的方式来尽可能地提高数据的价值。当中，肯定会遇到各种各样的问题，如各个业务系统经年累月以烟囱架构形式各自存在的数据孤岛、数据隔离、数据不一致等。因为这些问题实在过于烦琐、复杂和消耗时间，企业不得不建立数据团队，或者数据部门开始继续进行数据整顿工作，因此主数据治理、数据仓库、数据湖等一系列的工作职能应运而生。

本质上，这些工作都是不得不进行的因为业务需求的数据治理工作，对于如何利用数据来创造价值，并没有形成一个强有力的认知体系。每当遇到各个业务系统规范不一致，就开展了一次元数据治理。数据分析的时候数据关联不上，又不得不进行一次主数据治理。

这样不停地进行了很多年数据治理工作之后，有人就提出了数据中台这个概念，阿里巴巴的《企业 IT 架构转型之道：阿里巴巴中台战略思想与架构实战》这本书更是把中台战略这个概念推向了一个高点，也就是人们常说的“大中台，小前台”。在这种模式下，一个概念就频繁出现了——共享。那么，到底什么是共享呢？答案便是提供数据的服务。中台战略，并不是只是搭建一个数据平台，虽然大部分服务都是围绕数据而生的，但中台更加巧妙的地方是让数据在数据平台和业务系统之间形成了一个良性的闭环，这样数据和业务系统就能融为一体。

过去，数据大多基于手工处理，没有合适的软件工具，有了数据中台，就可以以功能为驱动，设计一个数据流使固定的数据输入，产出固定的数据输出，构建一个更加快速、标准化的服务，这样就解决了业务侧的数据获取和采集的问题。但是，如何提高数据的使用效率，产生更灵活多变的输出价值（如提供个性化的服务，做到“好用”），数据中台并没有给出满意的答案。

在建立了数据中台架构之后，我们发现，原来数据的价值并不仅仅是出个运营的分析报表，做一系列的预算。数据中台虽然为企业数据利用最大化提供了一个初始的参照方向，但还有更多的需求需要满足。于是当深度学习、机器学习等一系列技术开始在数据中台出现并施展拳脚时，我们可以明确地得出这个结论：数据中台不是数据分析利用的最终目标。

当有大规模的、基于智能算法的数据服务需要工程化落地实现时，数据中台就会碰到以下挑战：如何管理规模化的智能服务？当只有一两个智能服务时，可通过人工管理等方式解决，问题不大；然而随着规模的增长，当智能服务成千上万时，人工管理迅速成为瓶颈，这么大的量如何管理、如何构建、如何高效维护就是急需解决的问题。

这就需要良好的工程实践来保证质量和流畅性。对于常规的应用软件开发，我们有 TDD、自动化测试、CI/CD 等成熟的工程实践做保障，但是在智能服务这一块，无论是编程开发，还是服务构建，暂时都没有成熟的工程实践，也没有良好的基础设施来支撑，非常依赖于构建这个服务的数据工程师的个人能力，这就导致了在实施过程中，如果出现问题就难以复现，更难于定位。

数据中台的价值在于提供了数据的计算和存储的能力，但是在智能服务时代，只有计算和存储还是不够的。那么，数据应该治理到什么程度，才能较好地支撑服务的构建？个性化的服务与数据安全冲突的时候，应该如何抉择？数据量不足导致算法模型泛化能力太差，应该怎么办？

这个时候就需要引入人工智能中台来解决这些难题。

人工智能中台是一个以提供大规模智能服务为目标的基础服务，为企业需要的智能算法模型提供持续构建、分布式部署和全生命周期管理的服务，让企业可以专注于将已有业务不断下沉为基础算法模型，强调智能服务的复用、组合创新、规模化，追求数据的更高使用价值。

从具体的落地实施来看，人工智能中台是数据中台的进一步扩展，是数据中台发展的一个新阶段。

首先，从基础设施的角度来看，数据中台可以智能化。

什么是数据中台智能化？数据中台智能化就是将数据中台的数据服务构建过程进行智能化，使数据的接入、存储、分析展现、训练和构建管道等都更加自动化。例如，对于程序的 CI/CD 来说，如果测试不通过，则构建也无法通过，类比于人工智能中台，算法模型构建失败的标准是什么？可能的标准是“本次模型的准确率低于上一次构建模型的准确率”，如果满足条件 CI，则认为失败。当然在实践中，这应该只是衡量构建过程成功或失败的维度之一，根据实际情况，一般还会有很多其他指标和维度。这就需要在现有的数据平台的 CI 中，实现并标准化这些指标和维度，使之更加智能化。

其次，提高构建模型的可复用性，提高平台使用人员的使用效率。

目前构建一个数据中台的智能服务模型开发流程类似于一个横向的烟囱结构，当需要对一个既有的基于算法模型产生的服务进行拆分时，并不是很方便。如果大部分业务场景只是复用以前流程还相对容易，如果新业务需要引入更多的人工智能服务，就会暴露以下一系列的问题。

- 需要手工进行数据操作。
- 开发人员需要从头一步一步构建，对其能力要求高。
- 各环节耦合严重，变更周期长。
- 智能场景规模化，管理复杂。
- 没有统一的流水线，训练、部署、发布全靠手工部署。
- 数据平台孤立，缺乏统一的数据服务接口。
- 基础设施物理隔离，需要更多的资源时无法动态进行划分和回收管理。

为了解决上述问题，需要我们对人工智能服务构建的过程进行如下拆分。

- 基础设施：虽然目前 CPU 做虚拟化的技术已经相对成熟，但 GPU 如何做虚拟化是我们需要优先考虑的，因为对于智能服务而言，对 GPU 是有更多需要的。这就要求开始考虑并设计好是否使用统一集群，还是集群间要相互隔离。
- 资源管理：无论是 CPU、GPU、内存，还是数据、服务，这些都是资源。对于模型构建者来说，仅需要关注算法本身，如果需要数据，那就是添加一个资源依赖而已，无论资源以何种方式提供，构建者通常并不需要关心。因此一个统一的资源管理系统需要对数据、硬件、服务等进行统一管理。

- 中台和模型：中台除了具备数据的存储和计算能力，还应该具备处理模型的能力，这里的模型指的是一些被业界或企业使用的算法模型。不管这个模型是一个算法，还是一个别人已训练好的模型，对于中台来说，这些模型都是一个数据集的形式，应该和一个表、一个文件一样统一来处理。
- 流水线：流水是构建规模化智能服务非常重要的一个环节，如果我们在构建智能服务的时候，可以像流水线工作一样，则需要对整个任务进行非常详细的分解。
- 智能应用层：智能应用层直接面向终端，它利用元数据的功能，根据业务需求，组合各自不同模型，构建各种创新的服务并对外提供。

构建了上述这些能力，再加上数据中台的基础，就可扩展对 GPU 级别资源的管理和工程化整合能力。调度层提供统一的任务、服务、智能 CI/CD 等服务，实现人工智能中台，就可以结合数据中台，利用数据中台的能力作为数据支撑，最大化地发挥数据价值；将服务构建各环节拆分开来，加快智能服务开发流程，快速响应业务需求；利用元数据管理方式，统一数据的标准格式，增强多人协同开发；共享基础设施，简化模型的训练和发布，构建自动化服务；统一元数据管理、模型的生命周期管理等；平台化通用人工智能能力，降低人员要求，提高协作效率；利用既有算发、框架、模型，能够动态、快速地组装新的服务模块，满足新的个性化体验和新的业务模式，提高易使用性。

人工智能中台便是数据中台的进一步延伸，使数据利用达到第三个阶段——创造业务。一个成熟的人工智能中台的产品能力如图 5-5 所示。

综上所述，人工智能中台需要在数据中台的基础上扩展对 GPU 级别资源的管理和工程化整合能力，创建一个调度层提供统一的任务、服务、智能 CI/CD 等服务。对于人工智能平台来讲，提供的能力聚焦在利用算法、模型、框架，以及如何动态和快速地组装和产生出能支持创新的服务上。

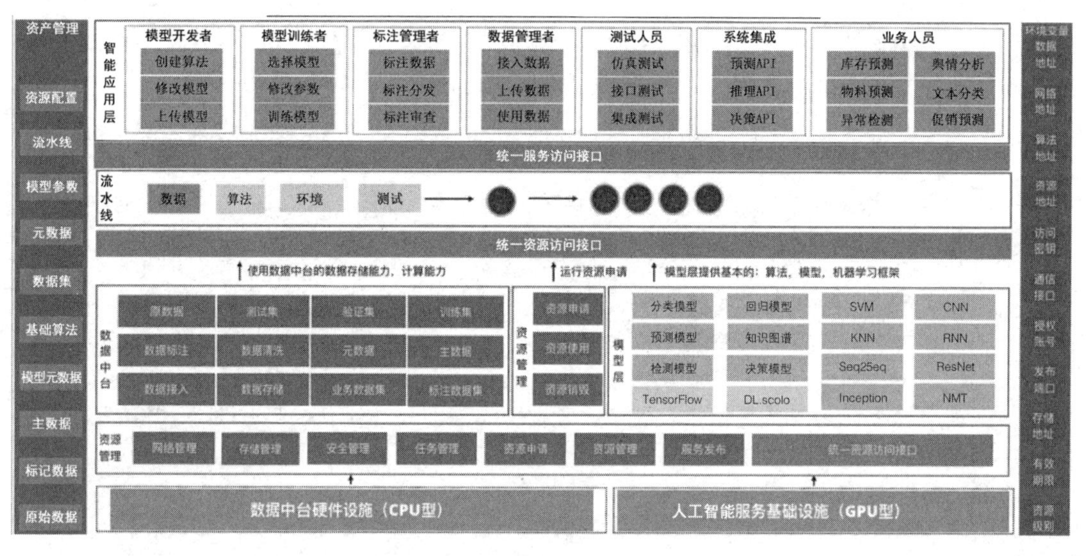

图 5-5　一个成熟的人工智能中台的产品能力

5.3　人工智能中台使人工智能更具使能

有一句名言，“智能可能是人工的，但技术前进的趋势是真实的。”

但我还想加入一句，“技术工程化的难度也是超乎想象的。”

人工智能已成为实现技术进步和企业商业价值链中最有前途和最具需求的能力之一，从实现新的和不同的产品到提高现有产品和服务的速度、质量和效率上都出手不凡。然而，扒开人工智能的热潮往下看，很快就会发现人工智能工程化需要多样化的工具和技术，其中大部分是可重复的、烦琐的，理论上可以“即插即用”。如果全然从头开始研究，这些快周期变换的技术的预算和成本将越超企业负荷。

对于以专注于构建不同类型的人工智能的数据驱动型企业，它们拥有一些共同的挑战。例如，在某些情况下，人工智能项目耗时太长。这可能是因为一些反复出现的同类型的困难，包括没有一致的平台、缺乏人才或用于训练人工智能的干净准确的数据。其他困难包括正在进行的能够证明具有良好价值概念的证据，但由于缺乏正式的上线验证，企业仍然对是否将人工智能项目部署到生产环境中犹豫不决。虽然企业中有大量的关于人工智能的构思和算法模型，但是限于以上种种原因，人工智能的产品化和上线流程不堪重负。

对于商业组织而言，商业模式才是最重要的，这些商业模式需要显著的技术灵活性，拥有在不久的将来可以应对企业中诸多技术不确定性的能力。人工智能的不确定性和流程的复杂性严重制约着商业模型的落地。

解决这种复杂性可能与制造飞机类似。当你不确定自己需要什么、满足这些需求的解决方案及提供这些需求所需的资源时，如何决定投资的位置？答案在于开发企业人工智能中台。

企业人工智能中台是一个用于大规模加速企业人工智能项目的整个生命周期的框架。企业人工智能中台为企业提供了一种结构化和灵活的方式，可以在当前和长期内创建人工智能驱动的解决方案；企业人工智能中台还使人工智能服务能够从概念证明扩展到生产规模系统；企业人工智能中台通过结合面向服务和事件驱动的体系结构优点，从世界中获取特定指南。

如果设计得好，企业人工智能中台可以促进人工智能科学家和工程师之间更快、更高效和更有效地协作；企业人工智能中台有助于成本控制、避免重复工作，能够自动执行低价值任务，提高所有工作的可重用性和可重复性；企业人工智能中台还减少了一些昂贵的活动，即数据提取和复制的流程，同时提高数据质量。

更重要的一点是，企业人工智能中台可以解决人员之间的技能差距。企业人工智能中台不仅是培养新人才的焦点，而且还有助于人工智能科学家和机器学习工程师团队流畅地合作和开发。而且，企业人工智能中台可以确保更均匀地分配工作并更快地完成工作。

在企业人工智能中台中，元素被组织为五个逻辑层，从下到上分别是数据集成层、实验层、操作和部署层、智能服务层、体验层。

数据集成层提供对企业数据的访问方式。这种数据访问至关重要，因为在人工智能中，开发人员不会手动编写规则。相反，机器会根据其可以访问的数据来学习规则。数据组件还包括数据转换和治理元素，可以管理数据存储库和源。数据源可以包含在服务中，可以在抽象级别与数据交互，从而为现有平台数据本体提供单个参考点。最重要的是，数据必须具有良好的质量。在理想的情况下，通过简单的自助服务人工智能科学家能够构建他们所需的数据管道而不依赖于工厂团队，从而根据需要进行实验。

实验层是人工智能科学家开发、测试和迭代他们的假设的地方。良好的实验层为特征选择、模型选择、模型优化、特征工程、模型可解释性带来了方便的自动化。理念管理和模型管理是使人工智能科学家能够协作并避免重复的关键。

操作和部署层对于模型治理和部署非常重要，这是进行模型风险评估的地方，以便模型治理团队或模型风险办公室可以验证和查看模型的可解释性、模型偏差和公平性，以及模型故障安全机制。操作和部署层包括 AI DevOps 工程师和系统管理员的实验成果，提供工具和机制来管理整个平台中各种模型和其他组件的“集成”部署，还可以监控模型的准确性。

智能服务层可在运行时为人工智能提供动力，在实验层处理训练时活动，是技术解决方案和产品团队与认知体验专家合作的产物。智能服务层可以将可重用的组件（如低级服务 API）暴露给作为许多低级 API 的复合编排的智能产品。智能服务层是编配和交付智能服务的核心，是指导服务交付的主要资源，可以简单地实现从请求到响应的固定中继。然而，在理想情况下，智能服务层是使用动态服务发现和意图识别等概念来实现的，它可以提供灵活的响应平台，即使在模糊方向上也能够实现认知交互。

体验层通过会话 UI 增强现实和手势控制等技术与用户互动。人工智能平台是一个不断发展的领域，包含能够为解决方案提供视觉和会话设计工作的组件。体验层通常为认知体验团队所拥有，该团队由传统的用户体验工作者、会话体验工作者、视觉设计师和其他创造性人员组成，他们通过人工智能技术创造丰富而有意义的体验。

当一个组织探索使用人工智能的机会时，它需要一种正式的方法来跟踪这些想法：测试可能性、捕捉什么有用，为已经过测试并确定为站不住脚的概念维护一个“坟场”。这可能听起来很简单，但潜在的想法数量和想法之间的细微差别很快就会变得无法抗拒。为了避免这种复杂性，公司应该设计并实施一个自动化的创意管理流程，以跟踪、管理创意和实验的生命周期。这样做有助于跟踪创意表现并确保创意的质量。通过提供团队范围内对成功构想的可见性，以及管理重复工作和潜在冲突提高效率。

随着人工智能成为每个数据驱动型组织的支柱，必须对人工智能进行战略管理，重点关注其敏捷性和可扩展性。最成功的组织将是那些花时间为业务构建企业人工智能中台的组织。通过这种方法，组织可以更快地提供更多价值，不仅仅是今天，而且还可以在未来形成新的机会。

如果借助企业人工智能中台而不是借助拼凑的独立工具，那么企业将很好地适应人工智能用例和其他新兴与支持技术的进步。

5.4　中小型企业人工智能中台化架构

正如我们在上一节中所描述，站在公司的整体战略上，大中台、小前台的设计让企业沉淀共享服务，打破系统壁垒，提高业务创新能力，让团队到第一线去迎接炮火，同时让大后方有坚强的中台能力支撑。那么在中小型企业中应该如何落地和实践人工智能中台呢？

一个中小型企业的前中后台架构一般包括聚焦业务的业务中台、聚焦移动 App 快速交付的移动中台、聚焦数据沉淀和数据湖沉淀的数据中台、聚焦底层 IaaS/PaaS 能力的技术中台，如图 5-6 所示。

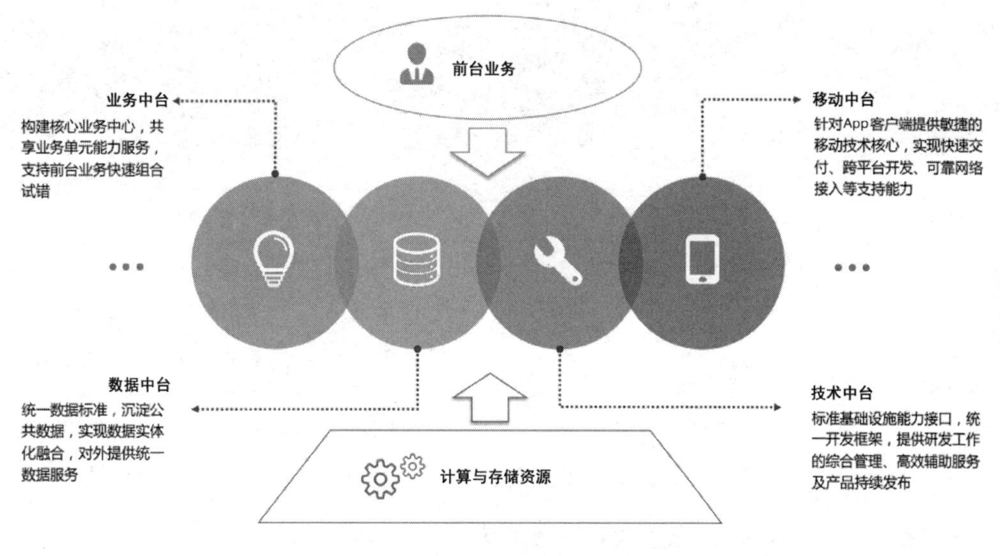

图 5-6　各个中台整合支撑前台业务

传统的数据中台在承接面向人工智能的业务需求的时候，往往会面临以下一系列问题。

- 智能化方兴未艾，研发处于较原始的阶段，缺乏完整的生命周期管理理论和相应的管理框架，导致人工智能产品烟囱式开发、项目成本高、不易集成、过程重复、缺乏能力沉淀。同时研发环节繁多，缺少优化、协同、自动化辅助，业务响应缓慢。
- 数据中台没有完全覆盖前台业务研发中笨重、重复、低效的环节，缺乏对人工智能研发过程的敏捷支持，导致模型研发缺乏标准指导、参与角色众多，难以有效地管理沟通协作。同时缺乏统一数据访问渠道，数据获取难、标准不一致，存在大量重复的数据预处理与特征工程。
- 数据中台没有为人工智能业务提供底层的技术支撑能力，导致模型交付难，缺少统一的模型运行监控平台，缺乏服务管理接口及更新维护机制。同时 GPU 资源管理混乱，基础资源管理分散，未得到充分的资源调度和利用，造成严重的资源浪费。

为了满足复杂的学习预测类智能研发需求，集成数据挖掘/数据洞察智能算法和模型，我们从数据中台中抽象升华出人工智能中台，用人工智能中台覆盖从业务场景分析、数据获取到模型部署、性能监控的全流程人工智能流水线，如图 5-7 所示。

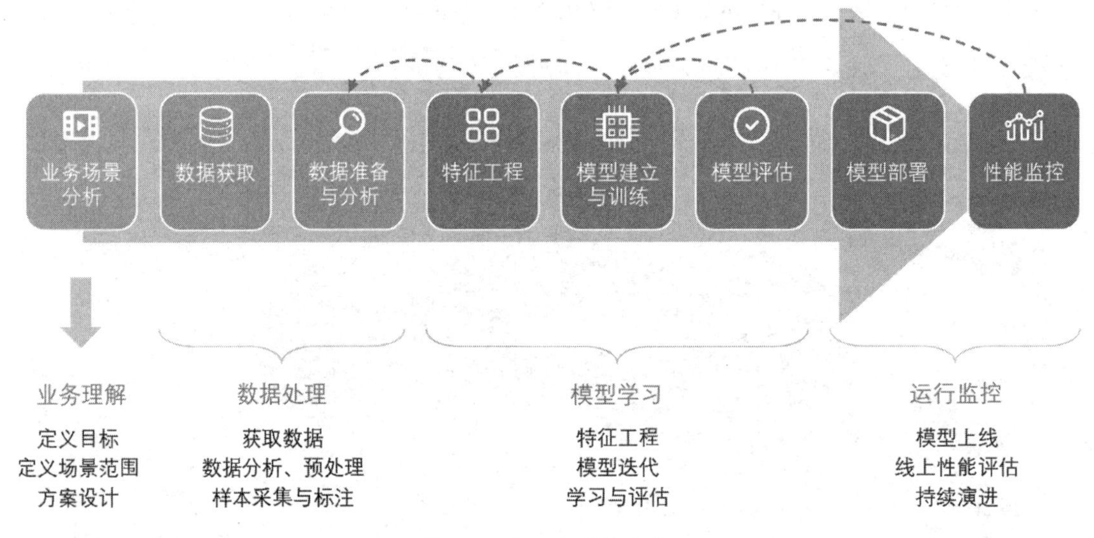

图 5-7 人工智能流水线

人工智能中台在技术上需要实现以下功能点。

- 服务的可复用性模型库：充分使用算法服务和模型，支持自动展开能力，对算法库提供有效、方便的管理和多层次的复用。
- 人工智能开发的敏捷的流水线：能够缩短人工智能产品开发周期，面对需求优化模型研发流程，提高各环节自动化程度，对参与角色进行科学管理协调。
- 稳定的运行平台：实现数据统一访问管理、计算资源统一管理、GPU/CPU 混合云的统一调度、稳定的训练运行环境。
- 便捷的服务接口：提供完全自助式的服务市场，供用户一键式搜索、一键式使用和订阅人工智能服务接口，同时提供安全的权限认证和灵活的计费功能，提供服务的资源调度和动态编排能力，供业务以即插即用的方式组装人工智能产品。

对于人工智能中台整体产品，或者说人工智能产品化矩阵，笔者根据常见的人工智能产品化需求整理了如下内容。

我们可以把人工智能中台看成是基于 IaaS 基础上的人工智能 PaaS 平台。在人工智能中台上灵活搭建各种人工智能基础服务，如人脸识别算法能力、语义识别算法能力、语音合成算法能力、布局决策能力等。然后在这些基础人工智能能力之上，进行服务编排和组织，就可以形成语音转文本、文本转语音、智能推荐等带有业务色彩的人工智能服务。包装和组织这些带有业务色彩的人工智能服务，最后就能包装出各种垂直的人工智能解决方案。从 IaaS 到人工智能统一门户这几个层次，我们统称为人工智能中台。一个典型的中小型企业人工智能中台整体架构如图 5-8 所示。

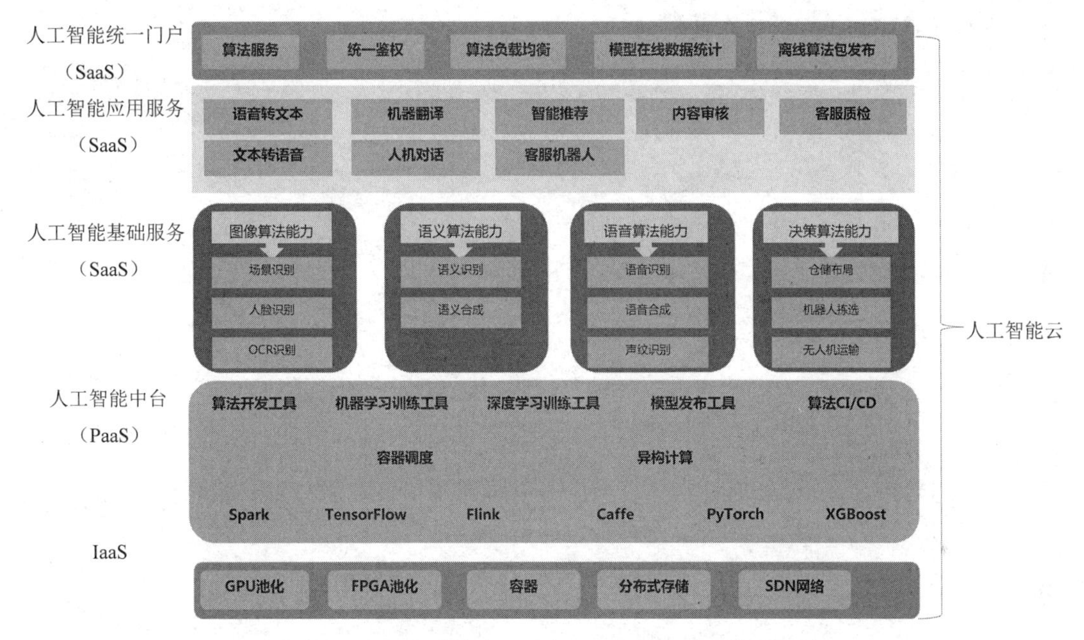

图 5-8　一个典型的中小型企业人工智能中台整体架构

整个人工智能中台要解决的核心业务重点就是打通算法开发、训练、发布各环节，形成自动化流程，形成人工智能的 DevOps 闭环。在每个环节中需要注意的技术要点如下。

- 模型开发：集成 Python/scale 编辑器的背后实现；把深度学习设计变成图形化拖曳。
- 模型训练：实现分布式机器学习框架和一键训练；实现深度学习分布式框架；实现 GPU 池化和一键训练。
- 模型发布：实现机器学习的 CI/CD；实现深度学习模型文件的大文件仓库。
- 模型服务化：机器学习算法服务化；深度学习模型服务化。
- 模型评估：人工智能统一门户采集模型的调用数据反馈。

图 5-8 是以俯视的角度看整个人工智能中台的应用架构，那么在 IaaS 层、PaaS 层和 SaaS 层这三个层次之间，几个系统之间的模块是如何相互支撑的呢？请看图 5-9。在 IaaS 层，基于

Docker+CUDA 技术实现 GPU 资源的虚拟化；在 PaaS 层，底层由 Kubernetes+Jenkins 实现自动化部署和自动化调度，在此之上，我们封装实现数据标注平台、算法建模/训练平台、模型仓库和算法工程化平台等几大基础支柱性平台系统。在 PaaS 平台之上，我们通过人工智能统一门户这种自助服务的 SaaS 平台模式对外提供服务，让用户可以自由编排、自由接入自助缴费，即插即用，方便快捷地使用人工智能服务。

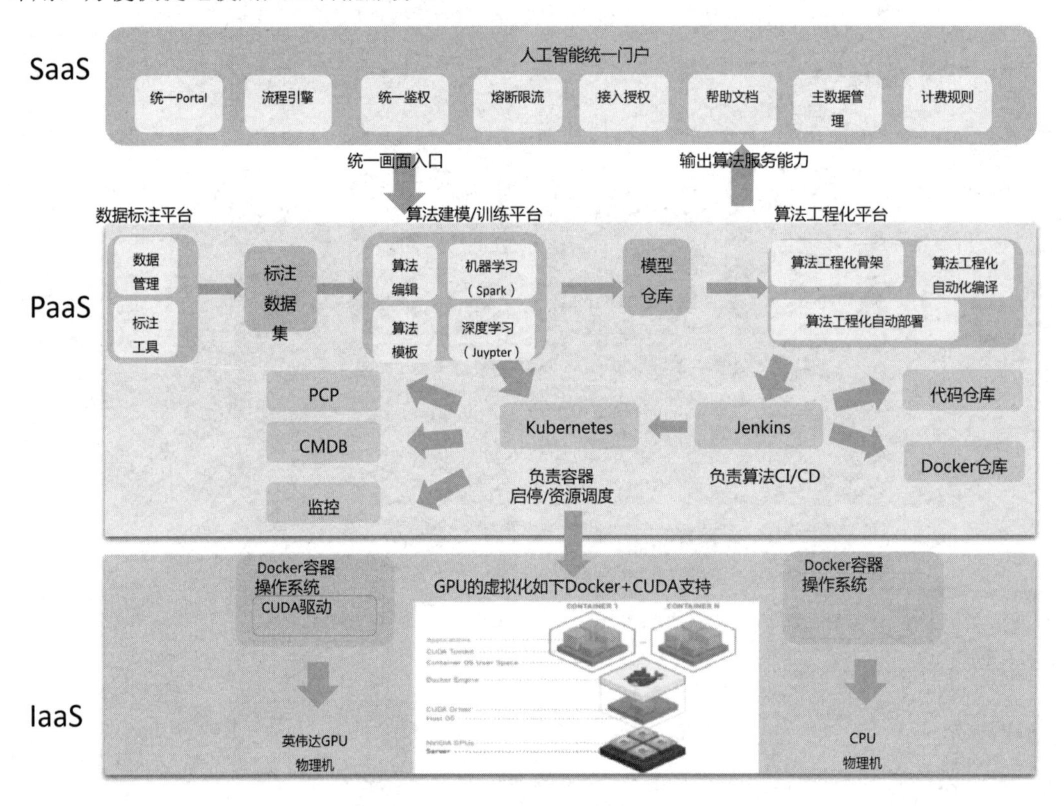

图 5-9 人工智能内部的系统模块图

再进一步聚焦 PaaS 层的核心平台系统，看一下它们之间是如何联动的，如何互相支撑的。

数据标注平台、算法训练平台和服务部署平台之间的联动如图 5-10 所示。

整体上这几个核心平台系统支撑了如下功能点。

- 负责公司人工智能基础平台建设、前沿底层人工智能技术预研，为上层业务提供平台技术保障服务。
- 建设稳定、可靠、易操作且规范化的人工智能开发平台，在规范开发流程、保障数据安全的同时，持续提高算法建模的效率。

- 围绕算法建模全过程，提供数据、算法建模和模型服务化部署这一整条链路的能力建设，实现数据（数据标注平台）、工具（算法训练平台）、模型（模型仓库管理）和服务（人工智能服务市场）的整体贯通，从而建设闭环的基础算法平台。

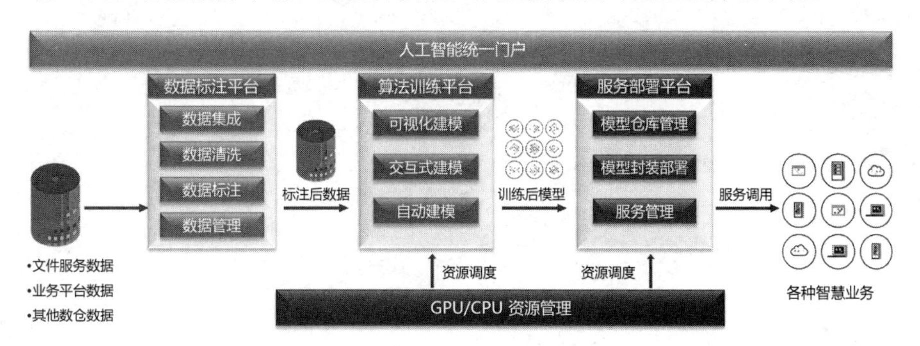

图 5-10　数据标注平台、算法训练平台和服务部署平台之间的联动

这几个核心平台系统的模块组件互有交互，从图 5-11 中可以看到，数据标注平台负责整理搜集标注数据，标注之后的数据将交给算法训练平台用来做训练，自动建模平台用来图形化生成的算法模型，并将其交给算法训练平台做自助训练，训练完成的算法将交由服务部署平台做自动化服务，而这其中所有涉及 CPU/GPU 资源调度和资源分配的任务都交给资源管理平台管理。

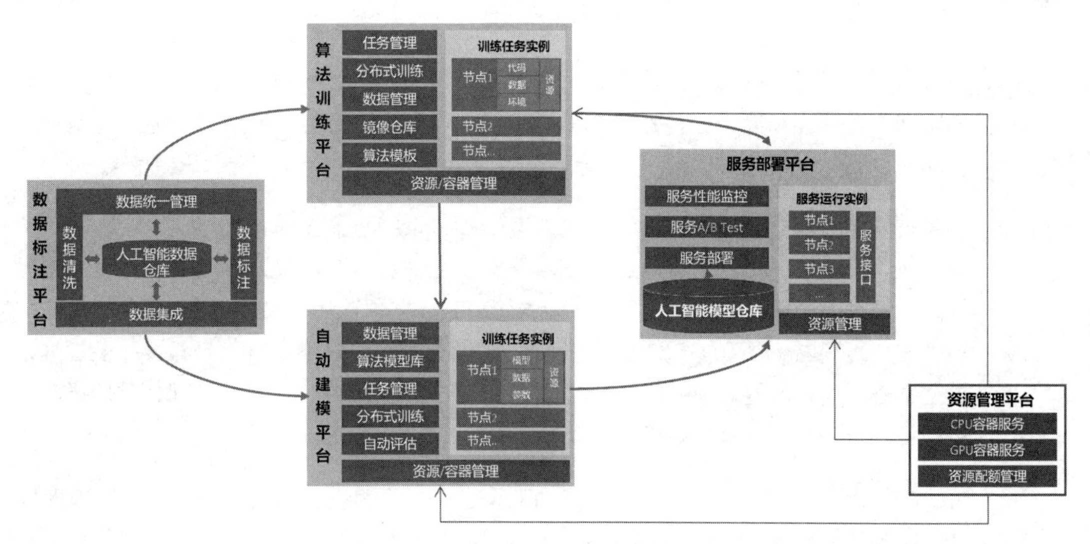

图 5-11　几个核心平台系统之间的模块图

如图 5-12 所示，算法人员在本地调试开发算法源码，然后把代码保存在 Git 仓库中，再把本地测通的代码提交到算法训练平台，在算法训练平台上引用数据标注平台上打标的训练数据做模型训练，待模型训练完成之后将模型发布到模型仓库，然后由业务人员在自动建模平台上选择模型发布模式，推送到服务部署平台做服务化暴露，直接插拔到人工智能统一门户上对外暴露。

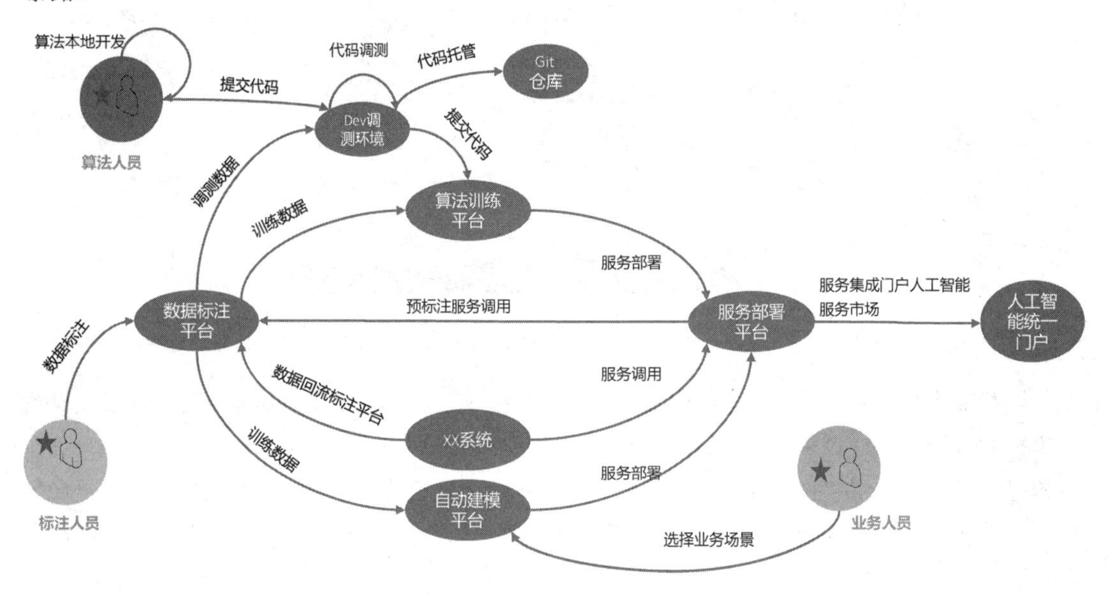

图 5-12　几个核心平台系统之间的用例图

综合以上内容，我们可以用一张功能概要图（见图 5-13）从产品功能化清晰地总结一下每个平台需要实现的功能点和能力。当然，对于中小型企业而言，将其中的所有功能点都实现是不现实的。图 5-13 中包含必需的功能点、附加功能点、较有难度的功能点，具体如下。

- 必需的功能点：产品服务中心、解决方案中心、系统配置管理、管理控制台、账户管理、权限管理、计量计费管理、离线数据集成、脚本清洗、数据质量管理、运维信息统计、元数据管理、数据检索、任务运维管理、数据预标注、Web IDE、自定义算法、模型评估管理、资源管理、算法模板管理、代码构建、CPU 容器部署、部署环境管理、模型部署、发布流程管理、GPU 容器服务、CPU 容器服务、数据卷管理、对外资源管理服务、资源配额管理、资源调度策略管理。

- 附加功能点：人工智能服务市场、文档支撑中心、工单中心、消息中心、内容发布管理、实时数据集成、SDK 清洗、数据血缘管理、计费策略管理、结算管理、数据类目管理、模型压缩优先、公共模型库、训练任务管理、私有模型库、模型评估管理、数据接入管理、系统配置管理、模型版本管理、GPU 容器部署、服务灰度发布、服务效果跟踪。

- 较有难度的功能点：图像标注、任务管理、数据集管理、文本标注、质检管理、源数据管理、语音标注、团队管理、视频标注、实验管理、机器学习算法、数据接入管理、画布管理、私有镜像仓库、组件管理、运维管理、服务上下线。

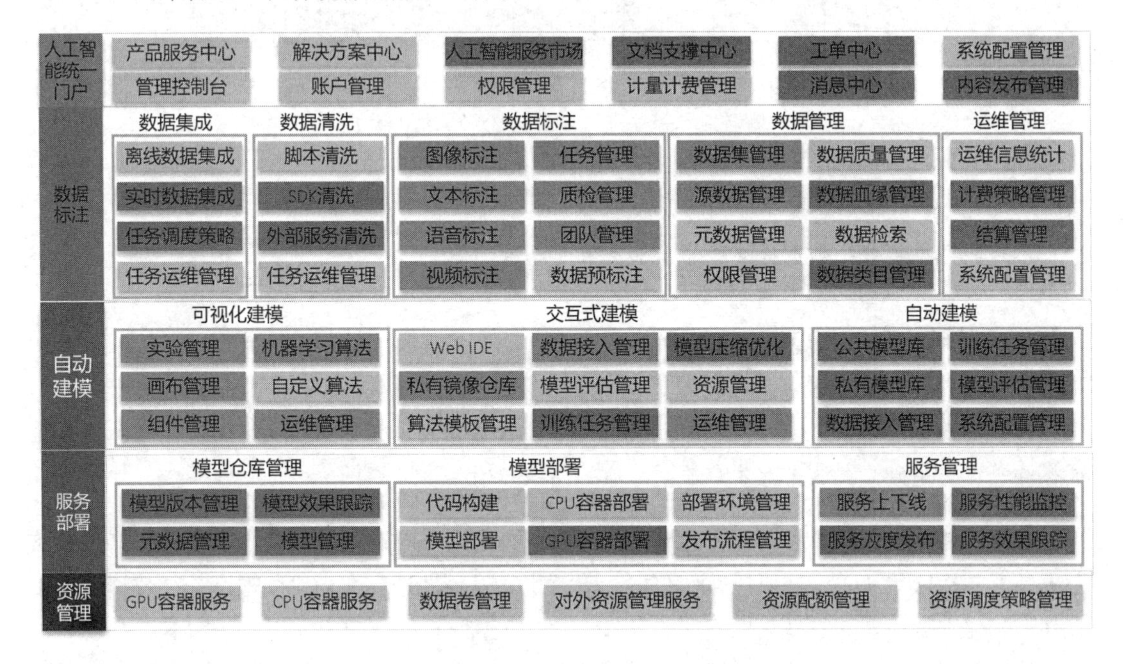

图 5-13　几个核心平台系统之间的产品功能架构

下面的章节中我们将分为以下四个部分来介绍这些平台的能力定位和架构。

- 以数据集成、数据清洗、数据标注、数据管理、运维管理为主要内容的数据能力部分。
- 以 GPU 容器服务、CPU 容器服务、数据卷管理、对外资源管理服务、资源配额管理、资源调度策略管理为主要内容的硬件能力部分。
- 以可视化建模、交互式建模、自主建模为主要内容的业务能力部分。
- 以人工智能统一门户、模型仓库管理、模型部署、服务管理为主要内容的平台能力部分。

第 6 章

人工智能中台工程化：数据能力

本章我们主要介绍数据标注的平台能力和工程化方案。

6.1 数据标注的平台能力

在讲数据标注平台之前，我们应该了解一下什么数据湖，因为本质上来讲，数据湖就是数据标注平台的基础，在这之上才有数据标注的系统应用。

数据湖是什么？维基百科上对数据湖的解释：数据湖（Data Lake）是一个以原始格式存储数据的存储库或系统。它按原样存储数据，无须事先对数据进行结构化处理。一个数据湖可以存储结构化数据（如关系型数据库中的表）、半结构化数据（如 CSV、日志、XML、JSON）、非结构化数据（如电子邮件、文档、PDF）和二进制数据（如图形、音频、视频）。

数据湖最早是由 Pentaho 的创始人兼 CTO——James Dixon 在 2010 年 10 月纽约 Hadoop World 大会上提出来的。在这个大会上由 Pentaho 发布了 Hadoop 的最初版本。

Pentaho 是个 BI 分析组件。当时的 BI 分析主要基于数据集市（Data Mart）。数据集市的建立需要事先识别出感兴趣的属性、字段，然后对数据进行聚合处理。这样就面临以下问题：如果只使用一部分属性，只有预先定义好的问题才能回答；因为数据被聚合了，部分最低层级的细节就丢失了，能回答的问题就被限制了。

而基于 Hadoop 的 BI 分析，正是为了解决以上问题，所有数据都原样存在 Hadoop 中，需要的时候再进行读取。如果用水来形容的话，数据集市、数据仓库就是瓶装的水——它是清洁的、摆放整齐、打包好的、方便取用的，那么数据湖就是原生态的水——它是未经处理的、原汁原味的。数据湖中的水从源头流入湖中之后，各种用户都可以来湖里获取、蒸馏提纯这些水

（数据）。

数据湖的概念就这样被提出来，并被大家普遍关注。

后来，随着技术发展，又有一个新的想法被加了进来，就是用数据湖来解决数据孤岛问题。这个想法似乎也挺符合数据湖的理念。将各种数据源都汇聚到一个湖里，自然就不是一个一个孤岛了。但这应该不是 James Dixon 的本意。他在后来的博客中表示数据湖应该如下。

- 数据湖的来源应该是单一的。
- 有多个来源的话，你就应该有多个数据湖。
- 如果需要使用多个系统的数据并对它们进行关联，那么应该使用由多个数据湖填充而成的水上花园（Water Garden），而不仅是单个数据湖。

不过，目前大家普遍认为，解决数据孤岛是数据湖的一大特点，毕竟这是一个看上去很美好的事。但是，把解决数据孤岛作为数据湖的使命，也确实既有优点也有一些不足。我们先来看看数据湖的优点。

- 轻松地收集数据：数据湖与数据仓库的一大区别就是，Schema On Read，即在使用数据时才需要 Schema 信息；而数据仓库是 Schema On Write，即在存储数据时就需要预先设计好 Schema。因为对数据写入没有限制，所以数据湖可以更容易收集数据。
- 从数据中发掘更多价值：由于数据仓库和数据集市只使用数据中的部分属性，因此只能回答一些有限的事先定义好的问题；由于数据湖存储所有最原始、最细节的数据，因此可以回答更多的问题。并且数据湖允许组织中的各种角色通过各种分析工具，对数据进行分析，如利用人工智能、机器学习的技术等，从数据中发掘更多的价值。
- 消除数据孤岛：因为汇集了来自各个系统的数据，也就消除了数据孤岛问题。
- 更好的扩展性和敏捷性：数据湖利用分布式文件系统来存储数据，因此具有很强的扩展能力。数据湖的结构没那么严格，因此具有更高的灵活性和敏捷性。同时开源技术的使用还降低了使用成本。

如上所述，数据湖也有一定的不足。在数据湖刚提出时，它只是一个朴素的理念。当从理念变成一个落地可使用的系统时，自然会面临着许多不得不考虑的现实问题。

- 把所有原始数据都存储下来的想法，是有一个前提的，就是便宜的存储成本。在速度越来越快、量越来越大的数据情况下，不分价值大小就把数据都存储下来，这个经济成本是否能接受？

- 数据湖存放着各类最原始的明细数据，包括交易数据、用户数据等敏感数据，数据安全如何保证？如何控制用户的访问权限？
- 数据如何治理？谁应该对数据的质量、数据的定义、数据的变更负责？如何维护数据的定义、业务规则的一致性？这些都是问题。

数据湖的理念很好，但是目前还缺乏像数据仓库那样，有一整套方法论为基础，有一系列具有可操作性的工具和生态为支撑。虽然目前把 Hadoop 用来对特定的、高价值的数据进行处理，在构建数据仓库的模式上，我们取得了较多的成功，但在落实数据湖理念的模式上，也遭遇了一系列的失败。这里，总结一些典型的数据湖失败的原因。

- 数据沼泽：当越来越多的数据被接入数据湖，却没有行之有效的方法跟踪这些数据时，数据沼泽就产生了。通常人们把所有东西都放在 HDFS 中，期望以后或许可以发掘些有效的数据，但没多久他们就遗忘了这些数据。
- 数据泥团：各种新数据纷纷被接入数据湖，但它们的组织形式、质量都不一样。由于缺乏检查、清理和重组数据的自动化工具，这些数据很难利用起来。
- 自助分析工具的缺乏：由于缺乏好用的自助分析工具，数据湖中巨大的数据分析起来十分困难。一般需要数据工程师或开发人员整理，然后把这些数据集交付给更广泛的用户，以便他们使用熟悉的工具进行数据分析。但通常这样整理好的数据量较小，限制了人员可探索大数据的范围，降低了数据湖的价值。
- 建模的方法论和工具的缺乏：在数据湖中，每一项工作似乎都得从头开始，因为以前的项目产生的数据很难重用。 之前，我们嫌弃数据仓库很难变化，难以适应新需求，原因之一就是需要花很多时间对数据进行建模，而有了这些建模之后，数据可以共享和重用相对较为容易。数据湖也需要这个过程，不然每次工作都得从头开始。
- 数据安全管理缺失：让每个人都可以访问所有数据，这明显是不行的。企业需要对自己的数据进行保护，一定需要数据安全管理。

一个数据湖可搞定一切——大家都对这样的想法感到很兴奋。但事实是，数据湖之外总会有新的存储库，很难全都消灭掉。这里有个误区，大多数公司所需的是可以对多种存储库联合访问能力，而把所有数据存储在一个地方，其实并不那么重要。

数据湖应该具备哪些能力？

- 数据集成能力：既然数据湖具备把各种数据源接入集成到数据湖中的能力，那对应的数据湖的存储也应该是多样的，如 HDFS、HBASE、HIVE 等。
- 数据治理能力：其核心是维护好数据的元数据。至少要求所有进入数据湖的数据必须提供相关的元数据。没有元数据，数据湖最终会成为数据沼泽，更丰富的功能还有以下几个。
  - 自动提取元数据，根据元数据对数据进行分类，形成数据目录。
  - 对数据目录进行分析，使用基于机器学习的方法等，自动发现数据之间的关系。
  - 建立数据之间血缘关系图。
  - 跟踪数据的使用情况，以便将数据作为产品，并更有效地利用。
- 数据搜索和发现能力：现在很难想象没有搜索功能的互联网如何使用。同理，没有搜索功能的数据湖也没有利用价值。通过搜索，我们可以方便地找到想要的数据，因此数据搜索和发现能力是数据湖的十分重要的能力。
- 数据安全管控能力：即对数据的使用权限进行管控，对敏感数据进行脱敏或加密处理，这也是数据湖必须具备的能力。
- 数据质量检验能力：数据质量是有效利用的关键，因此必须对进入数据湖中的数据进行质量检验。除去无效数据，才能为有效的数据探索提供保障。
- 自助数据探索能力：拥有一系列好用的分析工具，方便用户对数据进行自助探索，具体包括以下几个方面。
  - 支持对流、NoSQL、图等多种存储库的联合分析能力。
  - 支持交互式的大数据 SQL 分析。
  - 支持人工智能、机器学习分析。
  - 支持类似 OLAP 的 BI 分析。
  - 支持报表的生成。

上述都是优秀的数据湖软件所需要的素质，那目前有哪些优秀的开源数据湖平台呢？我们列举常见的一些数据湖平台，具体如下。

- Delta Lake：是 Databricks 公司在 2019 年 4 月开源的一个项目。Delta Lake 基于自家的 Spark，为数据湖提供支持 ACID 事务的数据存储层。Delta Lake 主要功能包括支持 ACID 事务、元数据处理、数据历史版本、Schema 增强等。
- Kylo：是 Teradata 开源的一个全功能的数据湖平台。Kylo 基于 Hadoop 和 Spark，提供一套完整的数据湖解决方案，包括数据集成、数据处理、元数据管理等功能。功能比较齐全。
- Dremio：是 Dremio 公司开源的一个 DaaS 平台。Dremio 主要基于 Apache Arrow，提供基于 Arrow 的执行引擎，使得数据分析师可以对多种数据源的数据进行联合分析。

除此之外，还有一些商业的数据湖平台，如 zaloni。另外，各大云厂商也都提供了数据湖平台或数据湖分析服务，如 Azure、Amazon、阿里云等。

虽然就数据湖这个概念来说，它有些模糊，但是很多人都试图发挥自己的想象去扩展这个概念。因此数据湖在概念层面上还是有些混乱的，缺少一系列标准化的、完善的定义。在实现层面上，数据湖还缺乏一套完整的方法论、工具和生态圈。

但可以看到，数据湖仍在不断演化。在大数据时代，人们对于数据湖能解决的一些问题，还是迫切需求的。

对于数据标注平台来说，数据湖就是底层的数据中台，数据标注平台的功能就是架设在数据湖上的，数据标注平台的主要功能定位如下。

- 数据集成：面向各业务域提供数据集成服务，支持对分布式存储、系统接口服务、实时消息队列、FTP 文件服务器等进行实时或离线方式的数据集成。
- 数据清洗：提供对集成到平台上数据的清洗能力（包括代码开发、SDK 服务接入等）。
- 数据标注：提供标注能力图像、语音、语义和视频四类数据，围绕标注提供任务管理、标注工作台、人工智能预标注、任务质检、团队管理一整条链路的能力建设。
- 数据管理：提供人工智能数据仓库的数据管理能力，包括数据集管理、元数据管理、数据权限管理、数据类目管理、数据合并、数据部分下载等功能。
- 后台管理：提供计费结算、平台运营信息统计、个人团队管理和系统运维配置相关功能。

如图 6-1 所示，首先创建数据清洗任务和采集任务，创建之后将数据通过离线在线数据源管道送入数据管理平台，然后对代码清洗、SDK 清洗、接口服务清洗、可视化清洗 4 种清洗方式进行单个或多个选择，清洗沉淀落地数据，最后将数据拉取到算法训练平台和自动建模平台。

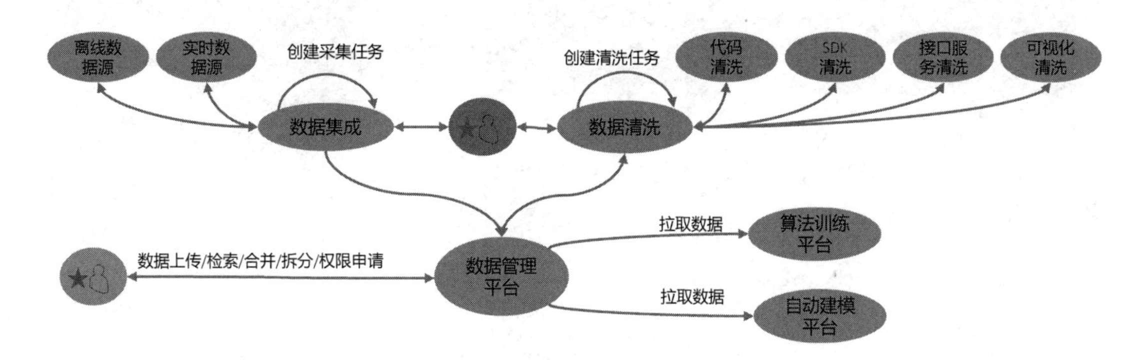

图 6-1　数据清洗任务和采集任务的创建的核心用例

如图 6-2 所示，任务发布人员在任务中心中创建任务并放入任务池中，再由团队管理员分配任务到人到岗，然后标注人员接到数据标注任务，在标注工作台中完成任务标注，最后将标注成功的数据推送到模型服务化平台。

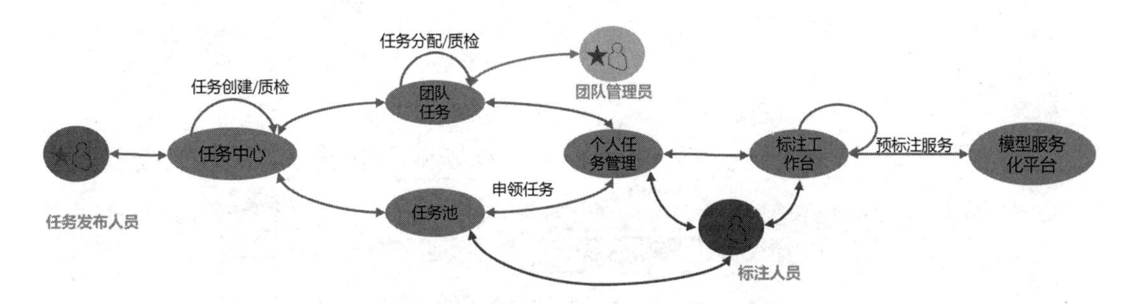

图 6-2　标注任务的创建和分配的核心用例

从大的功能概要上来讲，数据标注平台的概要架构如图 6-3 所示。数据标注平台的定位还应该是一个数据信息整合平台，对外提供数据集成、数据清洗、数据标注、数据管理、数据类目管理、数据多维度标签、数据血缘追踪、元数据管理等多种基于数据湖的附加功能。

我们可以从功能架构的角度看数据标注平台在不同产品层面的功能点，如图 6-4 所示。

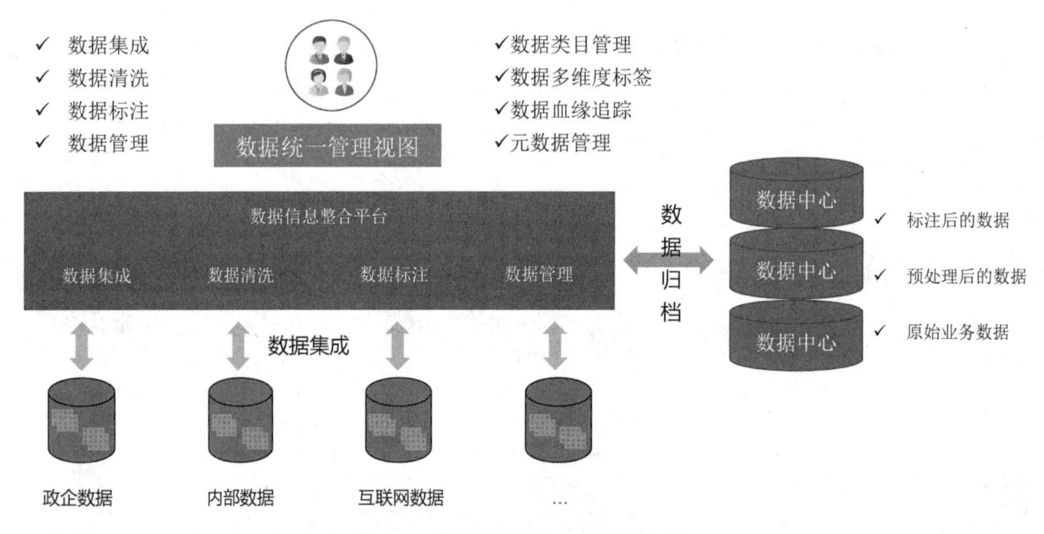

图 6-3　数据标注平台的概要架构

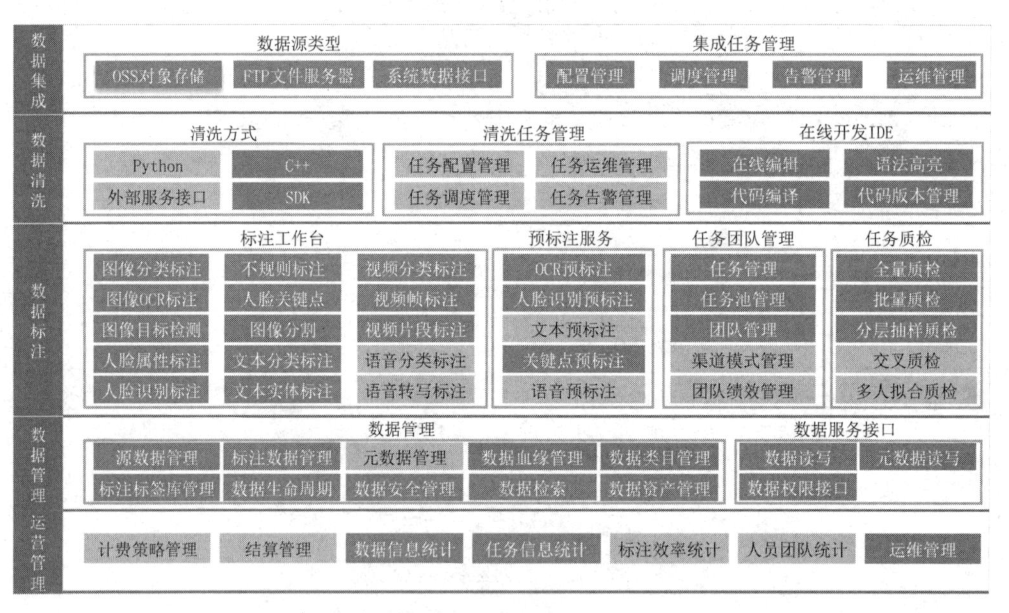

图 6-4　数据标注平台的功能架构

数据标注平台的一个主要功能是数据集成和数据管理，其中数据集成的配置项元数据包括任务名称、任务描述、任务调度周期、数据源类型、数据源地址、数据源账号密码、采集策略（全量、增量）、目标数据集名称、目标数据集元数据信息[包括数据类型（图片/文本/语音/视频）、数据来源、数据生命周期）]、应用的业务场景（支持用户自定义）、数据类目（平台提供选择）等。

数据管理的核心元数据包括任务管理、任务配置管理、任务运维管理(包括任务上下线等)、任务调度管理（包括实时调度、按分钟/小时/天周期调度)、任务监控告警管理（包括后台任务监控、告警配置管理等)、数据集成方式、非结构化存储（图像数据、语音数据)。

6.2　数据标注的工程化方案

6.2.1　标注工具

人工智能的场景包括语音、语义、图像和文本理解，各个领域都有一些不错的开源标注工具，简单介绍如下。

1. 图像领域

首先简单介绍常用的目标检测标注工具。

- labelImg：基于 Python 和 Qt 的跨平台目标检测标注工具，操作方便、快捷、实用，应用广泛。
- BBox-Label-Tool：基于 Python 的目标检测标注工具，实现简单、使用方便，但仅支持单类标注。
- LabelBoundingBox：BBox-Label-Tool 的升级版，能适应多类标注。
- Yolo_mark：针对 Yolo v2 的目标检测标注工具。
- FastAnnotationTool：基于 C++和 OpenCV 的强大的目标检测标注工具，支持数据和字母 OCR 标注，提供多种数据增强功能（尺寸剪切、翻转、旋转、缩放、椒盐噪声、高斯噪声、矩形合并、线提取等)，支持带倾斜角度目标标注，实用性极强。
- od-annotation：采用 Python-Flask 框架开发，基于 B/S 方式交互，支持多人同时标注。
- RectLabel：既可以画框（用于目标检测)，又可以画多边形（用于分割)。
- CVAT：高效的目标检测标注工具，支持图像分类、目标检测、语义分割、实例分割，支持本地部署。
- VoTT：微软发布的 Eeb 方式目标检测标注工具，支持图像和视频，支持 CNTK，支持导出 TFRecord、CSV、VoTT 格式。

- Point-Cloud-Annotation-Tool：3D 点云数据标注神器；支持点云数据加载、保存与可视化；支持点云数据选择；支持 3D Box 框生成；支持 KITTI-bin 格式数据。

接下来简单介绍常用的分类分割标注工具。

- labelme：基于 Python 和 Qt 的跨平台标注工具，支持图像分割标注，操作方便、快捷、实用，应用广泛。
- pylabelme：基于 Python 和 Qt 的跨平台标注工具，支持图像分割标注，操作方便、快捷、实用，应用广泛。
- Labelbox：多功能数据标注工具，支持图像分割标注、图像分类标注、文本分类标注，操作方便、快捷、实用，应用广泛。
- ImageLabel：基于 Qt 和 OpenCV 的图像分割标注工具，支持手动绘制轮廓，可利用 GrabCut 进行半自动标注，方便使用。
- ImageSegmentation：基于 Python 的图像分割标注工具，操作方便、实用。
- opensurfaces-segmentation-ui：基于 Python 的图像分割标注工具，操作方便、实用。
- labelImgPlus：labelImg 的升级版，支持图像分割标注、图像分类标注、目标检测标注，操作方便，通用性极强，应用广泛。

2. 视频检测领域

在视频检测领域，常用的标注工具如下。

- video_labeler：基于 Python 的视频目标检测、目标跟踪标注工具，轻便实用。
- vatic：基于 Python 的视频目标检测、目标跟踪标注工具，轻便实用，应用广泛。
- lane-detection-with-opencv：基于 OpenCV 的视频车道检测标注工具，是特殊场景标注工具，实用性强。
- OpenLabel：基于 OpenCV 的视频目标检测、目标跟踪标注工具，轻便实用，应用广泛。

3. 自然语言领域

在自然语言领域，常用的标注工具如下。

- brat：基于 Python 的自然语言标注工具，设计灵活，实用，应用广泛。
- MarqueeLabel：基于 Swift 和 C 的自然语言标注工具，设计灵活，实用，应用广泛。

4. 音频领域

在音频领域，常用的标注工具如下。

- audio-annotator：基于 JavaScript 的音频标注工具，它可以实现无形、声谱图、声波可视化标注，通用性强，应用广泛。
- youtube-chord-ocr：基于 Python 的音频标注工具，可以实现将 YouTube 上带有和弦标签的音乐视频转化为带标签的音频文件，应用广泛。
- MusicSegmentation：基于 MATLAB 的音乐分割标注工具，它通过计算谐波和音色分割音乐并标注，应用广泛。

6.2.2 工程化技术

图 6-5 是一个典型的中小型企业大数据技术架构图，或者说是常见的数据中台架构图。人工智能中台的基石是数据中台，对于项目和产品线落地而言，人工智能中台中最依赖于数据中台的其实就是数据标注平台。

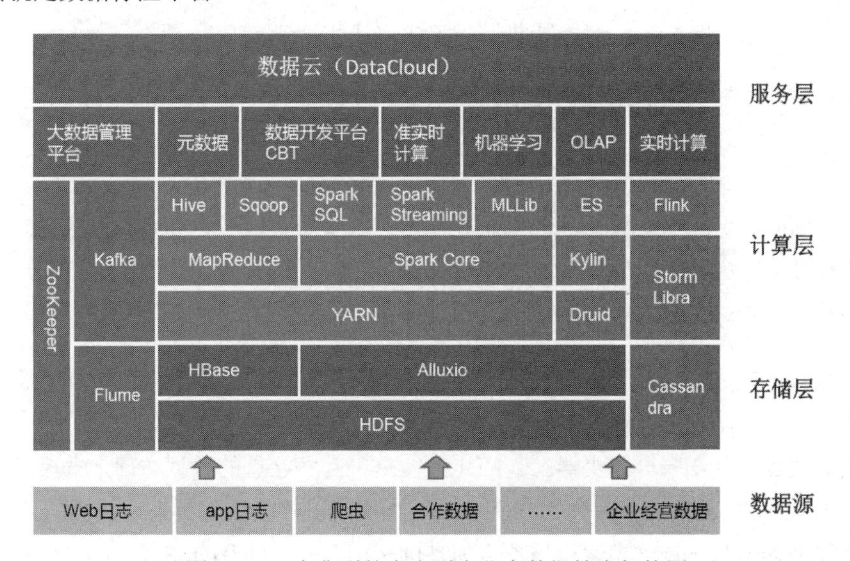

图 6-5　一个典型的中小型企业大数据技术架构图

在常见的大数据处理中，将数据流分成流式处理和离线处理，图 6-6 就是一个典型的流式处理和离线处理整合的流程图。

WebServer 搜集到的中间件日志经过 Kafka 同时下发给 HDFS 和 Storm/Spark Streaming，其中 HDFS 负责把数据持久化落地供 Spark 离线分析。而 Storm/Spark Streaming 负责把数据进行流式计算，准确实时地将分析结果推送给应用系统。

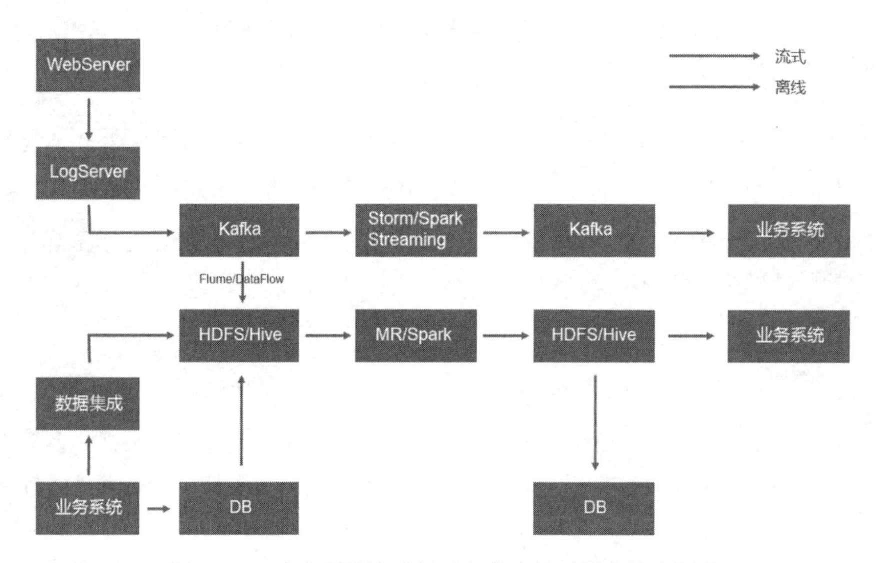

图 6-6 一个典型的流式处理和离线处理整合的流程图

在此过程中，可能用到的工程化技术包括以下几种。

1. HDFS

HDFS（Hadoop 分布式文件系统）的功能如下：①实现存储平台和数据湖落地，用于海量数据的离线存储；②大文件存储；③支持 Append，不支持修改；④离线计算，Hive 和 HBase 的底层文件系统；⑤Flink/ Spark Streaming Checkpoint。

HDFS 被设计成适合运行在通用硬件上的分布式文件系统。它和现有的分布式文件系统有很多共同点。但同时，它和其他的分布式文件系统的区别也是很明显的。HDFS 是一个高度容错性的系统，适合部署在廉价的机器上。HDFS 能提供高吞吐量的数据访问，非常适合大规模数据集的应用。HDFS 放宽了一部分 POSIX 约束，来实现流式读取文件系统数据的目的。HDFS 在最开始是作为 Apache Nutch 搜索引擎项目的基础架构而开发的。HDFS 是 Apache Hadoop Core 项目的一部分。

HDFS 支持传统的继承式的文件组织结构。一个用户或一个程序可以创建目录，存储文件到很多目录中；还可以创建、移动文件，将文件从一个目录移动到另外一个目录。但是，HDFS 还没有实现用户的配额和访问控制，还不支持硬链接和软链接。然而，HDFS 结构不排斥在将来实现这些功能。

名字节点维护文件系统的命名空间，任何文件命名空间的改变和或属性都被名字节点记录。应用程序可以指定文件的副本数，文件的副本数被称作文件的复制因子，这些信息由命名空间负责存储。

HDFS 能可靠地在集群中大量机器之间存储大量的文件，它以块序列的形式存储文件。文件中除了最后一个块，其他块都有相同的大小。属于文件的块为了故障容错而被复制。块的大小和复制数是以文件为单位进行配置的，应用可以在文件创建时或之后修改复制因子。HDFS 中的文件是一次写的，并且任何时候都只有一个写操作。

名字节点负责处理所有与块复制相关的决策。名字节点周期性地接受集群中数据节点的心跳和块报告。一个心跳的到达表示这个数据节点是正常的。一个块报告列举了该数据节点所包含的块列表。

副本存放位置的选择会严重影响 HDFS 的可靠性和性能。副本存放位置的优化是 HDFS 区分于其他分布式文件系统的特征，这需要精心的调节和大量的经验。机架敏感的副本存放策略是为了提高数据的可靠性、可用性和网络带宽的利用率。副本存放策略是提高利用率比较原始的方式。短期的实现目标是要把副本存放策略放在生产环境下验证，了解更多它的行为，为以后测试研究更精致的策略打好基础。

HDFS 运行在跨越大量机架的集群之上。两个不同机架上的节点是通过交换机实现通信的，在大多数情况下，相同机架上机器间的网络带宽优于不同机架上机器间的网络带宽。

在启动的时候，每一个数据节点自检它所属的机架 id，然后向名字节点注册的时候告知它的机架 id。HDFS 提供接口以便很容易地挂载检测机架标示的模块。一种简单但不是最优的方式就是将副本放置在不同的机架上，这样就防止了机架故障时数据的丢失，并且在读数据时可以充分利用不同机架的带宽。这种方式均匀地将复制分散在集群中，这样就简单地实现了组建故障时的负载均衡。然而这种方式增加了写的成本，因为写的时候需要跨越多个机架传输块。

默认的 HDFS 的副本存放置策略在最小化写开销和最大化数据可靠性、可用性及总体读取带宽之间进行了折中。一般情况下，复制因子为 3，HDFS 的副本存放策略是将第一个副本放在本地机架上的一个节点，将第二个副本放在本地机架上的另外一个节点而将第三个副本放在不同机架上的一个节点。这种方式减少了机架间的写流量，从而提高了写的性能。机架故障的概率远小于节点故障的概率。这种方式并不影响数据可靠性和可用性，并且它确实减少了读操作的网络聚合带宽，因为块仅有两个不同的机架，而不是三个。文件的副本不是均匀地分布在机架中，1/3 副本在同一个节点上，1/3 副本在同一个机架上，另外 1/3 副本均匀地分布在其他机架上。这种方式提高了写的性能，并且不影响数据的可靠性和读的性能。

为了尽量减小全局的带宽消耗读延迟，HDFS 尝试返回给离它最近的副本一个读操作。在读节点的同一个机架上就有这个副本，那么就直接读这个副本；如果 HDFS 集群跨越多个数据中心，那么本地数据中心的副本优先于远程的副本。

在启动的时候，名字节点进入一个叫作安全模式的特殊状态。安全模式中不允许发生块的复制。

每一个块有一个特定的最小复制数。当名字节点检查这个块已经大于最小复制数时就被认为是安全地复制了，当安全复制的块达到配置的比例时（加上额外的 30s），名字节点就退出安全模式。名字节点将检测块的列表，将小于特定复制数的块复制到其他的数据节点。

HDFS 的命名空间是由名字节点来存储的。名字节点使用叫作 EditLog 的事务日志来持久记录每一个文件系统元数据的改变，如在 HDFS 中创建一个新的文件，名字节点将会在 EditLog 中插入一条记录来记录这个改变。类似地，改变文件的复制因子，名字节点也会向 EditLog 中插入一条记录。名字节点在本地文件系统中用一个文件来存储这个 EditLog。整个文件系统命名空间，包括块的映射表和文件系统的配置都存在一个叫作 FsImage 的文件中，FsImage 也存放在名字节点的本地文件系统中。

名字节点在内存中保留一个完整的文件系统命名空间和块的映射表的镜像。这个元数据的结构被设计得十分紧凑，这样 4GB 内存的名字节点就足以处理非常大的文件数和目录。名字节点启动时，从磁盘中读取 FsImage 和 EditLog，将 EditLog 中的所有事务应用到 FsImage 的仿内存空间，然后将新的 FsImage 保存到本地磁盘，因为事务已经被处理并已经持久化到 FsImage 中，就可以截去旧的 EditLog，这个过程叫作检查点。在当前实现中，检查点仅在名字节点启动时发生，HDFS 正在开发支持周期性的检查点功能。

数据节点将 HDFS 数据存储到本地文件系统。数据节点并不知道 HDFS 文件的存在，它在本地文件系统中以单独的文件存储每一个 HDFS 文件的块。数据节点不会将所有块文件存放到同一个目录，而是启发式地检测每一个目录的最优文件数，并在适当的时候创建子目录。在本地同一个目录下创建的块文件不是最优的，因为本地文件系统可能不支持单个目录下巨额文件的高效操作。当数据节点启动时，它将扫描本地文件系统，根据本地的文件产生一个包含所有 HDFS 块的列表并报告给名字节点，这个报告称作块报告。

所有通信协议都是在 TCP/IP 之上构建的。一个客户端和指定 TCP 配置端口的名字节点建立连接之后，它和名字节点之间通信的协议是 Client Protocol。数据节点和名字节点之间通过 Datanode Protocol 通信。

RPC（Remote Procedure Call）抽象地封装了 Client Protocol 和 Datanode Protocol。按照设计，名字节点不会主动发起一个 RPC，它只是被动地对数据节点和客户端发起的 RPC 做出反馈。

2．Alluxio

Alluxio（之前名为 Tachyon）是世界上第一个以内存为中心的虚拟的分布式文件存储系统。它统一了数据访问的方式，为上层计算框架和底层文件存储系统构建了桥梁。应用只需要连接 Alluxio 即可访问存储在底层文件存储系统中的数据。此外，Alluxio 以内存为中心的架构使得数据的访问速度比现有方案快几个数量级。

在大数据生态系统中，Alluxio 介于计算框架（如 Apache Spark、Apache MapReduce、Apache HBase、Apache Hive 和 Apache Flink）和现有的文件存储系统（如 Amazon S3、OpenStack Swift，GlusterFS、HDFS、MaprFS、Ceph、NFS 和 OSS）之间。Alluxio 为大数据软件栈带来了显著的性能提升。例如，百度使用 Alluxio 将数据分析流水线的吞吐量提升了 30 倍；巴克莱银行使用 Alluxio 将作业分析的耗时从小时级降到秒级；去哪儿网基于 Alluxio 进行实时数据分析。除性能外，Alluxio 为新型大数据与传统存储系统的数据建立了桥梁。用户可以以独立集群模式，如在 Amazon EC2、Google Compute Engine 上运行 Alluxio，或者用 Apache Mesos 或 Apache Yarn 安装 Alluxio。

Alluxio 与 Hadoop 是兼容的。现有的数据分析应用，如 Spark 和 MapReduce 程序，可以不修改代码直接在 Alluxio 上运行。Alluxio 是一个已在多家公司部署的开源项目（Apache License 2.0）。Alluxio 是发展最快的开源大数据项目之一。自 2013 年 4 月开源以来，已有超过 100 个组织机构的 500 多名贡献者参与到 Alluxio 的开发中，包括阿里巴巴、百度、卡内基梅隆大学、Google、IBM、Intel、南京大学、Red Hat、UC Berkeley 和 Yahoo。Alluxio 处于伯克利数据分析栈（BDAS）的存储层，也是 Fedora 发行版的一部分。目前，Alluxio 已经在超过 100 家公司的生产中进行了部署，并且在超过 1000 个节点的集群上运行着。

Alluxio 主要特点如下。

- 灵活的文件 API：Alluxio 的本地 API 类似于 Java.io.File 类，提供了 InputStream 和 OutputStream 的接口和对内存映射 I/O 的高效支持。另外，Alluxio 提供兼容 Hadoop 的文件系统接口，Hadoop MapReduce 和 Spark 可以使用 Alluxio 代替 HDFS。
- 可插拔的底层存储：在容错方面，Alluxio 备份内存数据到底层文件存储系统。Alluxio 提供了通用接口以简化插入不同的底层文件存储系统。目前 Alluxio 支持 Microsoft Azure Blob Store、Amazon S3、Google Cloud Storage、OpenStack Swift、GlusterFS、HDFS、MaprFS、Ceph、NFS、Alibaba OSS、Minio 及单节点本地文件存储系统，后续也会支持很多其他的文件存储系统。
- 层次化存储：通过分层存储，Alluxio 不仅可以管理内存，还可以管理 SSD 和 HDD，能够让更大的数据集存储在 Alluxio 上。数据在不同层之间自动被管理，保证热数据在更快的存储层上。自定义策略可以方便地加入 Alluxio，而且锁定（pin）的概念允许用户直接控制数据的存放位置。
- 统一命名空间：Alluxio 通过挂载功能在不同的文件存储系统之间实现高效的数据管理。并且对应用来说是透明的，在持久化这些对象到底层文件存储系统的同时可以保留这些对象的文件名和目录层次结构。
- 世系（Lineage）：通过世系，Alluxio 可以不受容错的限制实现高吞吐的写入，丢失的输出可以通过重新执行创建这一输出的任务来恢复。应用将输出写入内存，Alluxio 以异步方式定期备份数据到底层文件存储系统。写入失败时，Alluxio 启动任务重执行恢复丢失的文件。
- 网页 UI&命令行：用户可以通过网页 UI 浏览文件存储系统。在调试模式下，管理员可以查看每一个文件的详细信息，包括存放位置、检查点路径等。用户也可以通过./bin/alluxio fs 与 Alluxio 交互，如将数据从文件存储系统拷入、拷出。

3．HBase

HBase 是一个分布式的、面向列的开源数据库，该技术来源于 Fay Chang 撰写的 Google 论文《Bigtable：一个结构化数据的分布式存储系统》。就像 Bigtable 利用了 Google 文件系统（File System）所提供的分布式数据存储一样，HBase 在 Hadoop 之上提供了类似于 Bigtable 的能力。HBase 是 Apache 的 Hadoop 项目的子项目。HBase 不同于一般的关系数据库，它是一个适合于非结构化数据存储的数据库。另外，HBase 是基于列的模式而不是基于行的模式。

HBase 是一个高可靠性、高性能、面向列、可伸缩的分布式文件存储系统，利用 HBase 技术可在廉价 PC Server 上搭建大规模结构化存储集群。

与 FUJITSU Cliq 等商用大数据产品不同，HBase 是 Google Bigtable 的开源实现，类似 Google Bigtable 利用 GFS 作为其文件存储系统，HBase 利用 Hadoop HDFS 作为其文件存储系统；Google 运行 MapReduce 来处理 Bigtable 中的海量数据，HBase 同样利用 Hadoop MapReduce 来处理 HBase 中的海量数据；Google Bigtable 利用 Chubby 作为协同服务，HBase 利用 ZooKeeper 作为对应。

此外，Pig 和 Hive 还为 HBase 提供了高层语言支持，使得 HBase 的数据统计处理变得非常简单。Sqoop 则为 HBase 提供了方便的 RDBMS 数据导入功能，使得传统数据库数据向 HBase 中迁移变得非常方便。

HBase 中的核心技术组件包括以下几个。

1）Client

Client 使用 HBase 的 RPC 机制与 HMaster 和 HRegionServer 进行通信，对于管理类操作，Client 与 HMaster 进行 RPC；对于数据读写类操作，Client 与 HRegionServer 进行 RPC。

2）ZooKeeper

ZooKeeper Quorum 中除了存储了 ROOT 的地址和 HMaster 的地址，HRegionServer 也会把自己以 Ephemeral 方式注册到 ZooKeeper，使得 HMaster 可以随时感知到各个 HRegionServer 的健康状态。此外，ZooKeeper 也避免了 HMaster 的单点问题，见下文描述。

3）HMaster

HMaster 没有单点问题，HBase 可以启动多个 HMaster，通过 ZooKeeper 的 Master Election 机制保证总有一个主节点运行，HMaster 在功能上主要负责表（Table）和分区（Region）的管理工作。

- 管理用户对表的增、删、改、查操作。
- 管理 HRegionServer 的负载均衡，调整分区分布。

- 在分区分裂（Split）后，负责新分区的分配。
- 在 HRegionServer 停机后，负责失效 HRegionServer 上的分区迁移。

4）HRegionServer

HRegionServer 主要负责响应用户 I/O 请求，向 HDFS 文件系统读写数据，是 HBase 中最核心的模块。

HRegionServer 内部管理了一系列 HRegion 对象，每个 HRegion 对应表中的一个分区，HRegion 由多个 HStore 组成。每个 HStore 对应表中的一个列族（Column Family）的存储，可以看出，每个列族其实就是一个集中的存储单元，因此最好将具备共同 I/O 特性的列放在一个列族中，这样做最高效。

HStore 存储是 HBase 存储的核心，HStore 由两部分组成，一部分是 MemStore，另一部分是 StoreFile。用户写入的数据首先会放入 MemStore，当 MemStore 满了以后会形成一个 StoreFile（底层实现是 HFile），StoreFile 文件数量增长到一定阈值会触发合并操作，将多个 StoreFile 合并成一个 StoreFile，合并过程中会进行版本合并和数据删除，因此可以看出 HBase 其实只有增加数据，所有更新和删除操作都是在后续的合并过程中进行的，这使得用户的写操作只要进入内存中就可以立即返回，保证了 HBase I/O 的高性能。当 StoreFile 合并后，会逐步形成越来越大的 StoreFile，当单个 StoreFile 的大小超过一定阈值后，会触发分裂操作，同时把当前分区分裂成 2 个分区，父分区会下线，新分裂出的 2 个孩子分区会被 HMaster 分配到相应的 HRegionServer 上，使得原先 1 个分区的压力分流到 2 个分区上。

在理解了上述 HStore 的基本原理后，还必须了解一下 HLog 的功能，因为上述的 HStore 在系统正常工作的前提下是没有问题的，但是在分布式系统环境中，无法避免系统出错或宕机，因此一旦 HRegionServer 意外退出，MemStore 中的内存数据就会丢失，这时就需要引入 HLog。每个 HRegionServer 都有一个 HLog 对象，HLog 是一个实现 Write Ahead Log 的类，在每次用户操作写入 MemStore 的同时，也会写一份数据到 HLog 文件中（HLog 文件格式见后续），HLog 文件定期会滚动出新的文件，并删除旧的文件（已持久化到 StoreFile 中的数据）。当 HRegionServer 意外终止后，HMaster 会通过 ZooKeeper 感知到，HMaster 首先会处理遗留的 HLog 文件，将其中不同 Region 的 Log 数据进行拆分，分别放到相应 Region 的目录下，然后将失效的 Region 重新分配，领取到这些 Region 的 HRegionServer 在重新加载 Region 的过程中，会发现有历史 HLog 需要处理，因此会重放 HLog 中的数据到 MemStore 中，然后保存到 StoreFile，完成数据恢复。

4．Spark

Apache Spark 是专为大规模数据处理而设计的快速通用的计算引擎。Spark 是 UC Berkeley AMP Lab（加州大学伯克利分校的 AMP 实验室）开源的类 Hadoop MapReduce 的通用并行框架，Spark 拥有 Hadoop MapReduce 所具有的优点；但不同于 Hadoop MapReduce 的是任务中间输出结果可以保存在内存中，从而不再需要读写 HDFS，因此 Spark 能更好地适用于数据挖掘与机器学习等需要迭代的 MapReduce 的算法。

Spark 是在 Scala 语言中实现的，它将 Scala 用作其应用程序框架。与 Hadoop MapReduce 不同，Spark 和 Scala 能够紧密集成，其中的 Scala 可以像操作本地集合对象一样轻松地操作分布式数据集。

尽管创建 Spark 是为了支持分布式数据集上的迭代作业，但是实际上它是对 Hadoop MapReduce 的补充，可以在 Hadoop 文件系统中并行运行。名为 Mesos 的第三方集群框架可以支持此行为。Spark 可用来构建大型的、低延迟的数据分析应用程序。

Spark 主要有以下三个特点。

- 高级 API 剥离了对集群本身的关注，Spark 应用开发者可以专注于应用所要做的计算本身。
- Spark 很快，支持交互式计算和复杂算法。
- Spark 是一个通用引擎，可用它来完成各种各样的运算，包括 SQL 查询、文本处理、机器学习等，而在 Spark 出现之前，我们一般需要学习各种各样的引擎来处理这些需求。

Spark Streaming 是构建在 Spark 上处理 Stream 数据的框架，基本的原理是将 Stream 数据分成小的时间片段（几秒），以类似 Batch 批量处理的方式来处理这小部分数据。Spark Streaming 构建在 Spark 上，一方面是因为 Spark 的低延迟执行引擎（100ms+），虽然比不上专门的流式数据处理软件，但也可以用于实时计算；另一方面是因为相比基于 Record 的其他处理框架（如 Storm），一部分窄依赖[①]的 RDD 数据集可以从源数据重新计算从而达到容错处理目的。此外小批量处理的方式使得 Spark 可以同时兼容批量和实时数据处理的逻辑和算法，方便了一些需要

① 窄依赖是指父数据集的每个分区只被子数据集的一个分区所使用，子数据集分区通常对应常数个父数据集分区 $O(1)$（与数据规模无关）；宽依赖是指父数据集的每个分区都可能被多个子数据集分区所使用，子数据集分区通常对应所有的父 RDD 分区 $O(n)$（与数据规模有关）。

历史数据和实时数据联合分析的特定应用场合。

5．Druid

Druid 是一个为实现大型冷数据集的探索查询功能而设计的开源数据分析和存储系统，它提供极具成本效益并且永远在线的实时数据摄取和任意数据处理。

Druid 有如下功能。

- 实现高并发的 OLAP 平台，支持海量数据多维实时分析。
- 作为底层核心引擎支撑 OLAP。
- 支持数据的实时和离线导入通过 OCEPproxy（负载均衡、查询路由等）访问。

Druid 主要特点如下。

- 为分析而设计：Druid 是为 OLAP 工作流的探索性分析而构建的。它支持各种过滤、聚合和查询类型，并为添加新功能提供了一个框架。用户已经利用 Druid 的基础设施开发了高级 K 查询和直方图功能。
- 交互式查询：Druid 的低延迟数据摄取架构允许事件在它们创建后数毫秒内查询，因为 Druid 的查询延时通过只读取和扫描有必要的元素被优化。聚合和过滤没有坐等结果。
- 高可用性：Druid 是用来支持需要一直在线的 SaaS 的实现，能保证数据在系统更新时依然可用、可查询。规模的扩大和缩小不会造成数据丢失。
- 可伸缩：现有的 Druid 部署每天处理数十亿件事件和 TB 级数据。Druid 被设计成 PB 级别。

就系统而言，Druid 功能位于 PowerDrill 和 Dremel 之间。它实现几乎所有 Dremel 提供的工具(Dremel 处理任意嵌套数据结构，而 Druid 只允许一个基于数组的嵌套级别)并且从 PowerDrill 吸收一些有趣的数据格式和压缩方法。

Druid 对于需要实时单一的海量数据流摄取产品非常适合。特别是面向无停机操作时，如果对查询的灵活性和原始数据的访问要求均高于对速度和无停机操作，那么 Druid 可能不是正确的解决方案。在谈到查询速度的时候，很有必要澄清“快速”的意思——Druid 是完全有可能在 6TB 的数据集上实现秒级查询的。

Druid 包括如下若干核心技术概念。

- Overlord 节点：形成一个加载批处理和实时数据到系统中的集群，同时会对存储在系统中的数据变更（也称为索引服务）做出响应。另外，还包含了 Middle Manager 和 Peon，一个 Peon 负责执行单个任务，而 Middle Manager 负责管理 Peon。
- Coordinator 节点：监控 Historical 节点组，以确保数据可用、可复制，并且在一般的“最佳”配置。它们通过从 MySQL 读取数据段的元数据信息，决定哪些数据段应该在集群中被加载，使用 ZooKeeper 来确定哪个 Historical 节点存在，并且创建 ZooKeeper 条目告诉 Historical 节点加载和删除新数据段。
- Historical 节点：是对 Historical 数据（非实时）进行处理存储和查询的地方。Historical 节点响应从 Broker 节点发来的查询，并将结果返回给 Broker 节点。它们在 ZooKeeper 的管理下提供服务，并使用 ZooKeeper 监视信号加载或删除新数据段。
- Broker 节点：接收来自外部客户端的查询，并将这些查询转发到 Real-time 节点和 Historical 节点。当 Broker 节点收到结果时，它们将合并这些结果并将它们返回给调用者。由于了解拓扑，Broker 节点使用 ZooKeeper 来确定有哪些 Real-time 节点和 Historical 节点的存在。
- Real-time 节点：实时摄取数据，它们负责监听输入数据流并让其在内部的 Druid 系统立即获取，Real-time 节点同样只响应 Broker 节点的查询请求，返回查询结果到 Broker 节点。旧数据会被从 Real-time 节点转存至 Historical 节点。
- ZooKeeper：为集群服务发现和维持当前的数据拓扑而服务。
- MySQL：用来维持系统服务所需的数据段的元数据。
- Deep Storage：保存“冷数据”，可以使用 HDFS。

6. Elasticsearch

Elasticsearch（以下简称为 ES）是一个分布式、高扩展、高实时的搜索与数据分析引擎。它能很方便地使大量数据具有搜索、分析和探索的能力。充分利用 ES 的水平伸缩性，能使数据在生产环境变得更有价值。ES 的实现原理主要分为以下步骤：首先用户将数据提交到 ES 数据库中，然后通过分词控制器将对应的语句分词、权重和分词结果一并存入数据，当用户搜索数据时，再根据权重将结果排名、打分，最后将返回结果呈现给用户。

ES 是与名为 Logstash 的数据收集和日志解析引擎及名为 Kibana 的分析和可视化平台一起开发的。这三个产品被设计成一个集成解决方案，称为 Elastic Stack（以前称为 ELK Stack）。

ES 可以用于搜索各种文档。它提供可扩展的搜索功能，具有接近实时的搜索功能，并支持多租户。ES 是分布式的，这意味着索引可以被分成分片，每个分片可以有零个或多个副本。每个节点托管一个或多个分片，并充当协调器将操作委托给正确的分片。再平衡和路由是自动完成的。相关数据通常存储在同一个索引中，该索引由一个或多个主分片和零个或多个复制分片组成。一旦创建了索引，就不能更改主分片的数量。

ES 使用 Lucene，并试图通过 JSON 和 Java API 提供其所有特性。ES 支持 Facetting 和 Percolating，在通知新文档与注册查询相匹配时非常有用。网关可处理索引的长期持久性。例如，在服务器崩溃的情况下，可以从网关恢复索引。ES 支持实时 GET 请求，适合作为 NoSQL 数据存储，但缺少分布式事务。

ES 包括如下技术概念。

- cluster：代表一个集群，集群中有多个节点，其中有一个为主节点，这个主节点是可以通过选举产生的，主节点和从节点是对于集群内部来说的。ES 的一个概念就是去中心化，字面上理解就是无中心节点，这是对于集群外部来说的，因为从外部来看，ES 集群在逻辑上是个整体，与任何一个节点的通信和与整个 ES 集群通信是等价的。
- shards：代表索引分片，ES 可以把一个完整的索引分成多个分片，这样的好处是可以把一个大的索引拆分成多个分片，分布到不同的节点上，构成分布式搜索。分片的数量只能在索引创建前指定，并且在索引创建后不能更改。
- replicas：代表索引副本，ES 可以设置多个索引的副本，副本的作用一是提高系统的容错性，当某个节点的某个分片损坏或丢失时可以从副本中恢复；二是提高 ES 的查询效率，ES 会自动对搜索请求进行负载均衡。
- recovery：代表数据恢复或叫作数据重新分布，ES 在有节点加入或退出时会根据机器的负载对索引分片进行重新分配，挂掉的节点重新启动时也会进行数据恢复。
- river：代表 ES 的一个数据源，也是其他存储方式（如数据库）将数据同步到 ES 的一个方法。它是以插件方式存在的一个 ES 服务，ES 读取 river 中的数据并把数据索引添加到 ES 中，官方的 river 有 couchDB、RabbitMQ、Twitter、Wikipedia。
- Gateway：代表 ES 索引快照的存储方式，ES 默认是先把索引存放到内存中，当内存满了时再持久化到本地硬盘。Gateway 对索引快照进行存储，当 ES 集群关闭再重新启动时就会从 Gateway 中读取索引备份数据。ES 支持多种类型的 Gateway，有本地文件系统（默认）、分布式文件系统、Hadoop 的 HDFS 和 Amazon 的 S3 云存储服务。

- Zendiscovery：代表 ES 的自动发现节点机制，ES 是一个基于 P2P 的系统，它先通过广播寻找存在的节点，再通过多播协议进行节点之间的通信，同时支持点对点的交互。
- Transport：代表 ES 内部节点或集群与客户端的交互方式，默认内部是使用 TCP 进行交互的，同时它支持 HTTP（JSON 格式）、Thrift、Servlet、memcached、ZeroMQ 等传输协议（通过插件方式集成）。

7. Flink

Apache Flink（以下简称 Flink）项目是大数据处理领域冉冉升起的一颗新星，其不同于其他大数据项目的诸多特性吸引了越来越多人的关注。下面将深入分析 Flink 的一些关键技术与特性，希望能够帮助读者对 Flink 有更加深入的了解，对其他大数据系统开发者也能有所裨益。本文假设读者已对 MapReduce、Spark 及 Storm 等大数据处理框架有所了解，同时熟悉流处理与批处理的基本概念。

Flink 核心是一个流式的数据流执行引擎，Flink 针对数据流的分布式计算提供了数据分布、数据通信及容错机制等功能。基于流式的数据流执行引擎，Flink 提供了诸多更高抽象层的 API 以便用户编写分布式任务。

DataSet API：对静态数据进行批处理操作，将静态数据抽象成分布式的数据集，用户可以方便地使用 Flink 提供的各种操作符对分布式数据集进行处理，支持 Java、Scala 和 Python。

DataStream API：对数据流进行流处理操作，将流式的数据抽象成分布式的数据流，用户可以方便地对分布式数据流进行各种操作，支持 Java 和 Scala。

Table API：对结构化数据进行查询操作，将结构化数据抽象成关系表，并通过类 SQL 的 DSL 对关系表进行各种查询操作，支持 Java 和 Scala。

此外，Flink 还针对特定的应用领域提供了领域库，具体如下。

- Flink ML：Flink 的机器学习库，提供了机器学习的 Pipelines API 并实现了多种机器学习算法。
- Gelly：Flink 的图计算库，提供了图计算的相关 API 及多种图计算算法。

Flink 是一个开源的分布式流式处理框架，它提供准确的结果，甚至在出现无序或延迟加载的数据的情况下；它提供基于状态化容错，同时在维护一次完整的应用状态时，能无缝修复错误；它支持大规模运行，在上千个节点运行时有很好的吞吐量和低延迟。

Flink 的流式计算模型启用了很多功能特性，如状态管理、处理无序数据、灵活的视窗，这些功能对于得出无穷数据集的精确结果是很重要的。

除提供数据驱动的视窗外，Flink 还支持基于时间、计数、Session 等的灵活视窗。视窗能够灵活地触发条件定制化，从而达到对复杂的流传输模式的支持。Flink 的视窗使得模拟真实的创建数据的环境成为可能。

Flink 的容错能力是轻量级的，允许系统提供高并发，在同一时间提供一致性保证。Flink 以零数据丢失的方式从故障中恢复，但没有考虑可靠性和延迟之间的折中。

Flink 可以满足高并发和低延迟（计算大量数据很快）。其保存点提供了一个状态化的版本机制，使得 Flink 能以无丢失状态和最短时间的停机方式更新应用和回退历史数据。除支持独立集群部署外，Flink 还支持 YARN 和 Mesos 方式部署。

Flink 作业提交架构流程图如图 6-7 所示。

图 6-7 的核心名词解释如下。

- Program Code：Flink 应用程序代码。
- Job Client：不是 Flink 程序执行的内部部分，但它是任务执行的起点。Job Client 负责接受用户的程序代码，然后创建数据流，将数据流提交给 Job Manager 以便进一步执行。执行完成后，Job Client 将结果返回给用户。
- Job Manager：主进程（也称为作业管理器），用来协调和管理程序的执行。它的主要职责包括安排任务、管理 Checkpoint、故障恢复等。机器集群中至少要有一个主节点，主节点负责调度任务，协调 Checkpoint 和容灾，高可用设置的情况下可以有多个主节点，但要保证一个节点是 Leader（领导），其他节点是 Standby（后备）；Job Manager 包含 Actor System、Scheduler、Checkpoint Coordinato 三个重要的组件。
- Task Manager：从 Job Manager 处接收需要部署的任务。Task Manager 是在 JVM 中的一个或多个线程中执行任务的工作节点。任务执行的并行性由每个 Task Manager 上可用的任务槽（Task Slot）决定。每个任务代表分配给任务槽的一组资源。例如，Task Manager 有 4 个任务槽，那么它将为每个任务槽分配 25%的内存，可以在任务槽中运行一个或多个线程。同一任务槽中的线程共享相同的 JVM。同一 JVM 中的任务共享 TCP 连接和心跳消息。Task Manager 的一个任务槽代表一个可用线程，该线程具有固定的内存，注意任务槽只对内存隔离，没有对 CPU 隔离。默认情况下，Flink 允许子任务共享任务槽，即使它们是不同任务的子任务，只要它们来自相同的任务。这种共享可以有更好的资源利用率。

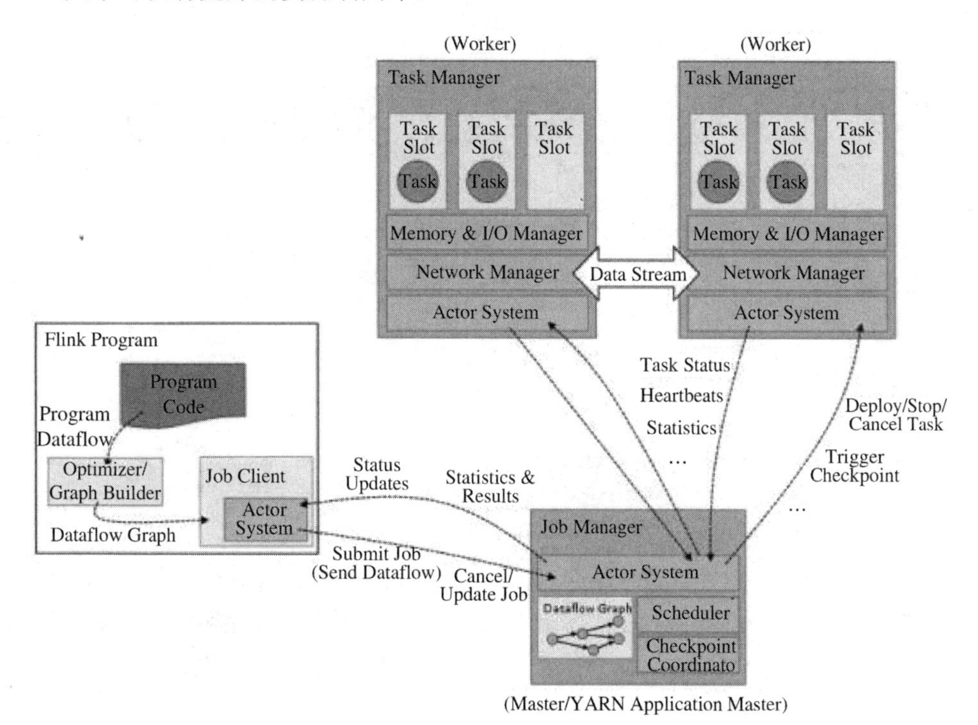

图 6-7　Flink 作业提交架构流程图

第 7 章

人工智能中台工程化：硬件能力

7.1 GPU 资源调度平台

何为 GPU？为什么深度学习要大量用到 GPU 计算资源？

要说 GPU，首先要来说说 CPU。CPU 的全称是 Central Processing Unit，GPU 的全称是 Graphics Processing Unit。这两种器件相同点：它们都是 Processing Unit——处理单元。不同点：CPU 是“核心”的，而 GPU 是用于“图像”处理的。顾名思义，这些名称的确非常符合大众印象中它们的用途——一个是电脑的“大脑核心”，一个是图像方面的“处理器件”。

常见的 CPU 有 2、4、6、8 颗处理核心，也就是我们常说的双核、4 核、6 核、8 核处理器，其他组件有 L3 Cache（缓存）和内存控制器等。CPU 在物理空间上，“核心”并不占绝大部分，它集各种运算能力之大成，如同公司的领导，他可能在各个技术领域都做到比较精通，但一个公司仅仅只有这样的什么都可以做的领导是不行的，因为领导的价值并不只是体现在一线执行能力上，还包括调度能力。CPU 是一个拥有多种功能的优秀领导者，它的强项在于调度而非纯粹的计算。而 GPU 则可以被看成一个接受 CPU 调度的“拥有大量计算能力”的员工。最近发布的 NVIDIA 显卡的 CUDA 数量已经达到上千个了，如 TITAN vCUDA 数量达到了 5120 个，CPU 与 GPU 已经不在一个量级上了。

除了计算能力，还有一个比较重要的考量因素就是访存的速率。当我们进行大量计算时，往往只使用寄存器及 L1、L2、L3 Cache 是不够的。目前 Intel 的 CPU 在设计上有着 L3 Cache，它们的访问速度关系是：L1>L2>L3，而它们的容积关系则相反，即 L1<L2<L3。以 Intel Core i7 5960X 为例，其 L3 Cache 的大小只有 20MB。很明显 CPU 自带的 Cache 大小太小，不足以承载所有系统。于是需要使用内存来补充。该款 CPU 最大支持 64G 内存，其内存最大带宽是 68GB/s，

而 GPU 对应的显存带宽能达到 700GB/s 以上。

GPU 具有如下特点。

- 提供了多核并行计算的基础结构，且核心数非常多，可以支撑大量并行计算。
- 拥有更快的访存速度。
- 拥有更高的浮点运算能力。

相比 GPU，CPU 需要很强的通用性来处理各种不同的数据类型，同时又要逻辑判断，又会引入大量的分支跳转和中断的处理。这些都使得 CPU 的内部结构异常复杂。而 GPU 面对的则是类型高度统一的、相互无依赖的大规模数据和不需要被打断的纯净的计算环境。GPU 和 CPU 的区别如图 7-1 所示。

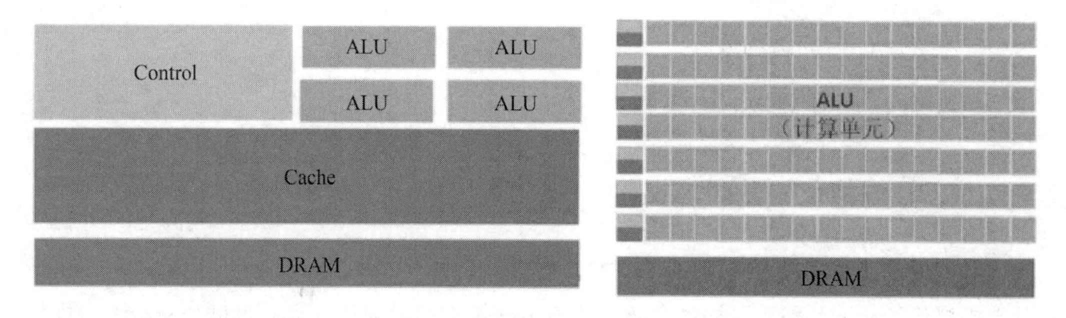

图 7-1　GPU 与 CPU 的区别

GPU 采用了数量众多的计算单元和超长的流水线，但只有非常简单的控制逻辑并省去了 Cache。而 CPU 不仅被 Cache 占据了大量空间，而且还有复杂的控制逻辑和诸多优化电路，相比之下计算能力只是 CPU 很小的一部分。因为 GPU 非常适合用来做深度学习模型训练和算法计算。

对于密集的 GPU 计算而言，能否通过虚拟化提高硬件资源使用效率呢？答案是肯定的。

下面介绍几种传统的 GPU 虚拟化技术。

7.1.1　GPU 虚拟化：显卡直通

显卡直通也叫作显卡穿透，是指绕过虚拟机管理系统，将 GPU 单独分配给某一虚拟机，只有该虚拟机拥有使用 GPU 的权限，这种独占设备的分配方式保存了 GPU 的完整性和独立性，在性能方面与非虚拟化条件下接近，且可以用来进行通用计算。但是显卡直通需要利用显卡的一些特殊细节，同时兼容性差，仅在部分 GPU 中设备可以使用。下面总结一下显卡直通的优缺点。

显卡直通的优点如下。

- 显卡直通性能损耗小。
- 对新功能兼容性好，可以不做任何修改地放到虚拟机内部执行。
- 技术简单、运维成本低，对 GPU 厂商没有依赖。

显卡直通的缺点如下。

- 不支持热迁移。
- 不支持 GPU 资源的分割。
- 监控缺失。

7.1.2 GPU 虚拟化：分时虚拟化

分时虚拟化就是将显卡进行切片，并将这些显卡时间片分配给虚拟机使用的过程。由于支持显卡虚拟化的显卡一般可以根据需要切分成不同规格的时间片，因此可以分配给多台虚拟机使用。其实现原理其实就是利用应用层接口虚拟化进行 API 重定向（在应用层拦截与 GPU 相关的 API），通过重定向（仍然使用 GPU）的方式完成相应功能，再将执行结果返回给应用程序。

Intel GVD-G 的虚拟化技术架构如图 7-2 所示。

vCUDA 架构、一些 AMD（半虚拟化技术）和软件模拟 GPU 等小众技术，在此就不赘述了。

实际上现在比较主流的一种 GPU 虚拟化技术是基于 NVIDIA Kepler 架构的 GRID GPU。NVIDIA 基于 Kepler 架构设计了原生支持 GPU 虚拟化的 GRID 卡 K1、K2，其特点如图 7-3 所示。目前绝大多数的桌面 GPU 云主机都是基于 Kepler 架构的 GRID 卡（TESLA M60/M6）。

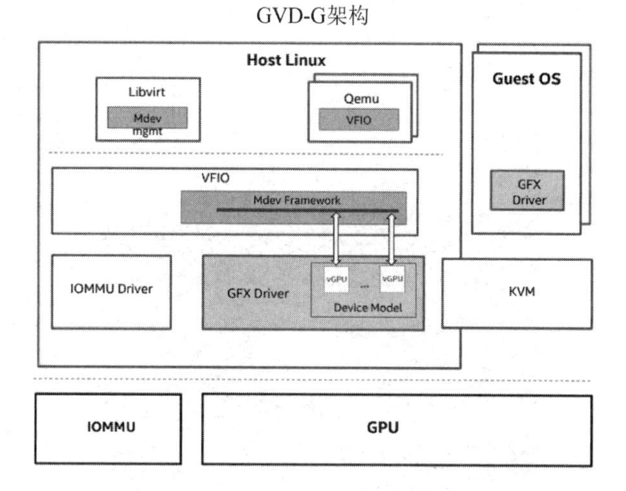

图 7-2　Intel GVD-G 虚拟化技术架构

	GRID K1	GRID K2
GPU 数量	4 颗入门级 Kepler GPU	2 颗高端 Kepler GPU
NVIDIA CUDA 核心总数量	768	3072
显存总容量	16 GB DDR3	8 GB GDDR5
超级大功率	130 W	225 W
卡长度	10.5 英寸	10.5 英寸
卡高度	4.4 英寸	4.4 英寸
卡宽度	双槽	双槽
显示输入输出	无	无
Aux 电源	6 针连接器	8 针连接器
PCIe	x16	x16
PCIe 的代别	第三代（兼容第二代）	第三代（兼容第二代）
散热解决方案	被动式	被动式

图 7-3　基于 Kepler 架构的 GRID 卡的特点

7.2　人工智能业务下 GPU 资源调度的工程化方案

上面介绍的是传统的 GPU 虚拟化技术，那么针对人工智能业务下的 GPU 服务集群，有没有好的技术解决方案呢？下面将介绍工业界内常用的基于 Docker 的 GPU 虚拟化和资源管理技术。

针对人工智能训练和推理用 GPU，NVIDIA 主流的做法是基于 Kubernetes 做跨多台物理机的分布式资源调度和训练。底层的服务器资源可以是带有 GPU 卡的物理服务器，也可以是 AWS/Azure 云主机（带 GPU 卡）。上一层是基于 NVIDIA GPU 内核做的 GPU 管理态软件。再往上是内置 GPU 驱动的 Docker 容器，最上面是基于 Kubernetes 的 GPU 加速和云服务。基于 Kubernetes+Docker 的 GPU 架构如图 7-4 所示。

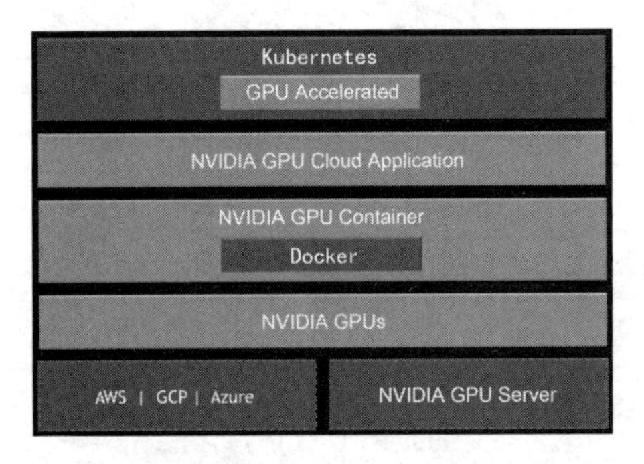

图 7-4　基于 Kubernetes+Docker 的 GPU 架构

从技术栈角度来看，整个 NGC（NVIDIA GPU Container）技术包括主机操作系统（如 CentOS）、NVIDIA 驱动程序、Docker 引擎、NVIDIA Docker、容器操作系统（如 Red Hat）、CUDA 工具包和深度学习 SDK（如 TensorFlow）等。NGC 深度学习堆栈如图 7-5 所示。

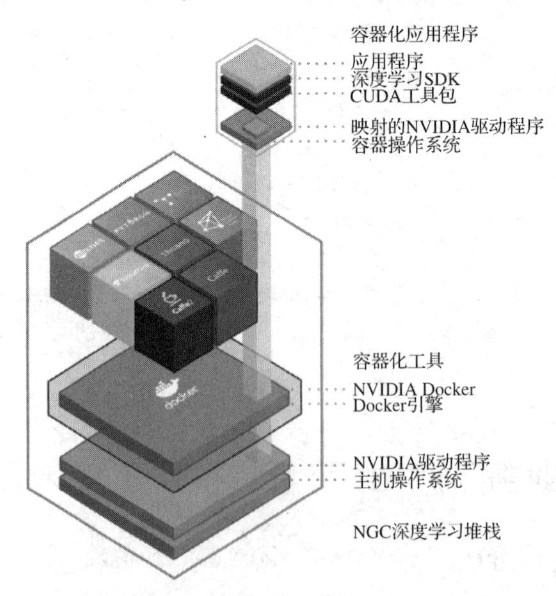

图 7-5　NGC 深度学习堆栈

顺便在这提一下，什么是 CUDA。

首先，CUDA 和 OpenCL 都实现了计算机异构并行计算架构，CUDA 是针对 NVIDIA 公司的 GPU 设计的计算框架，而 OpenCL 是一种通用的计算框架。

它们的区别是，CUDA 的内核可以直接通过基于硬件的 NVIDIA 驱动执行，而 OpenCL 的内核必须通过 OpenCL 开源的软件驱动执行。OpenCL 是一个开源的标准，所有硬件不光要有自己的硬件驱动还要安装 OpenCL 驱动。因此，OpenCL 的性能总体上远不及 CUDA。

但是，OpenCL 也有好处，OpenCL 这种脱离硬件层的设计可以适应不同的 CPU，在各种 GPU 设备上都能够正常执行；而 CUDA 只针对 NVIDIA 公司的 GPU 产品。OpenCL 和 CUDA 的区别如图 7-6 所示。

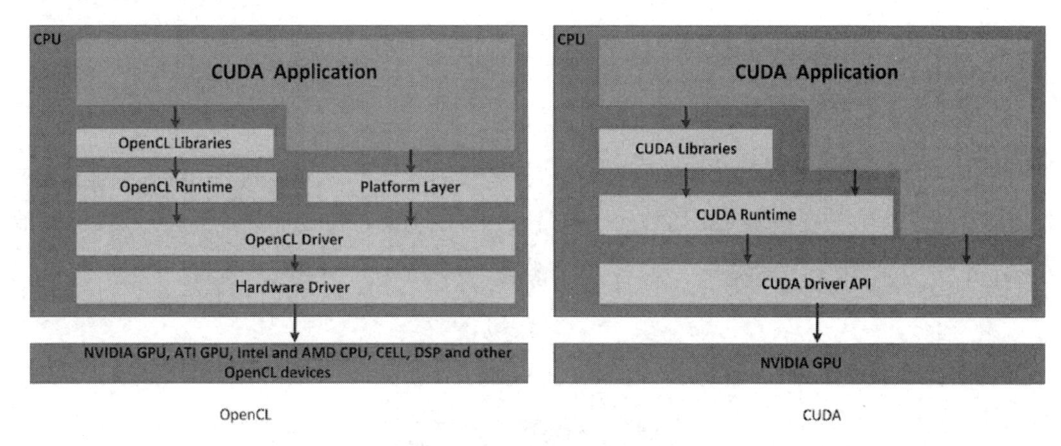

图 7-6　OpenCL 和 CUDA 的区别

无论技术上有什么好坏，目前在工业界 CUDA 是事实上的技术标准。

在工业界我们主要谈 CUDA，而在实际工业化中，CUDA 和 Docker 之间可以通过以下几种方式结合使用。

1. 算法应用在 Docker 容器上直接穿透使用物理 GPU

Docker 容器直接绑定物理 GPU，Docker 通过 LXC 直接穿透到物理机内核和驱动，CUDA 驱动直接访问硬件资源，独占硬件资源。实际上，现在主流的工业界做法都是这样处理的。Docker 独占物理 GPU 的示意图如图 7-7 所示。

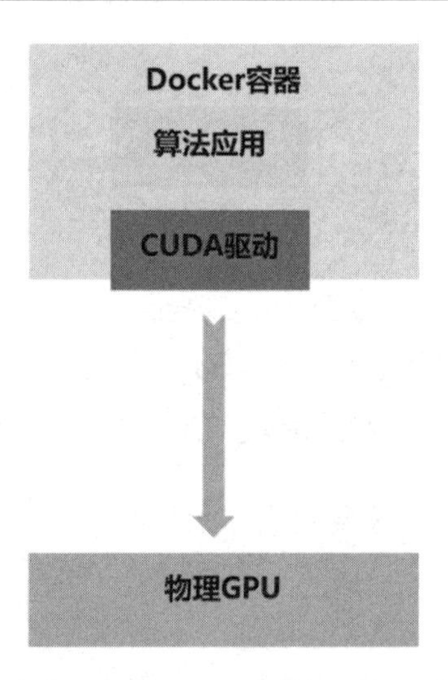

图 7-7 Docker 独占物理 GPU 的示意图

2. 算法应用在 Docker 容器上使用虚拟化 GPU

Docker 容器中的 CUDA 驱动不能直接连接到物理 GPU，而是连接到 GRID 软件虚拟出来的 GPU 资源。该方法在技术上是可行的，但是因为算法训练本质是计算密集型任务，不适合虚拟资源争抢，所以该方法在工业界使用得比较少。Docker 访问虚拟 GPU 的示意图如图 7-8 所示。

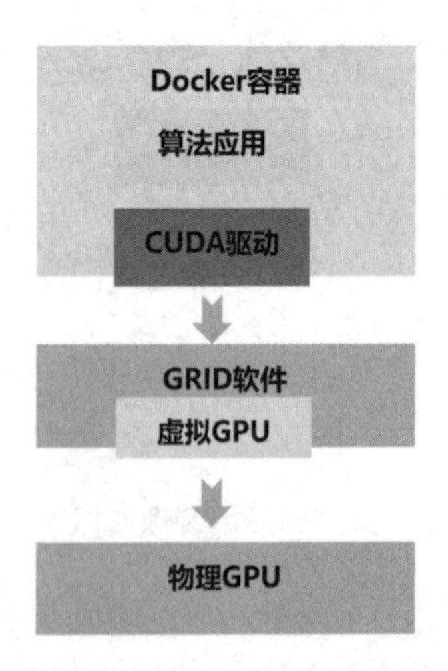

图 7-8 Docker 访问虚拟 GPU 的示意图

采用这种方法的主要优点如下。

- GPU 资源池化：可以把多台，乃至十几台 GPU 服务器连接在一起，建立一个 GPU 池，用池资源之间的动态调度和资源管理对上支撑业务需求。
- 通过分析和改进 GPU 使用情况，最大化 GPU 效率：正因为我们把 GPU 资源池化，在池中调度分配 GPU 资源，所以我们可以对整个系统中 GPU 之间的资源使用情况做实时的监控。
- 给 DevOps 工程师提供端到端的便捷流程：笔者曾经历公司花了大价钱买了一堆 GPU 服务器，但是每台机器都要运维手动执行完全重复的脚本，安装一大堆基础驱动，运维的时候要面对一大堆机器做烦琐工作，调整一个驱动参数要人工手动一台台去执行。

当然，采用这种方法也是有缺点的，具体如下。

- 并没有真正地实现 GPU 虚拟化：Docker 化的方案并没有真正地实现 GPU 虚拟化。实际上，一般工业化应用的时候，都是把一块 GPU 核心绑定到一个 Docker 容器中，让 Docker 容器完全独占该 GPU 资源。当然，因为人工智能训练是计算密集型任务，所以独占并没有问题，但是分时虚拟化技术对人工智能并不友好。
- GPU 调度不好会出现碎片问题：例如，一台 GPU 服务器 A 是八卡配置，另外一台 GPU 服务器 B 是六卡配置。现在 B 有三卡已经被占用，A 已经有四卡被占用。如果现在新来一个训练任务，需要在 Docker 容器中绑定六张卡，虽然 A 和 B 空余的卡加起来足够满足使用，但是因为在资源分配中存在碎片化，所以单台物理机并不能满足使用。这就是典型的资源分配碎片问题，或者叫作背包问题。

背包问题处理得好不好，决定了一个 GPU 资源平台的核心能力强不强。

背包问题有多种不同的理解方式，《算法导论》中是这样说明的，一个正在抢劫商店的小偷发现了 N 个商品，第 i 个商品价值 v[i]美元，重 w[i]磅，v[i]和 w[i]都是整数。这个小偷希望拿走价值尽量高的商品，但他的背包最多能容纳 W 磅重的商品，W 是一个整数，他该怎么拿？对于每个商品，小偷要么把它完整拿走，要么把它留下，他不能只拿走一个商品的一部分，或者把一个商品拿走多次。

在计算机系统原理中常见的“两个 CPU 核任务分配问题”，给定 n 个任务，每个任务 i=0~n−1 都有各自需要处理的时间 needTime[i] =1~1000(ms)。另外有两个 CPU 核（核 A、核 B）处理这些任务，将 n 个任务分配给两个 CPU 核，求这两个核处理完所有给定任务需要的最短时间。其中，每个任务只能分配给一个核进行处理，且只被能处理一次。每个 CPU 核同一时间只能处理一个任务。

第二个问题本质上就是第一个问题，n 个任务就是 N 个商品，任务所需的处理时间 needTime[i] 就是商品的重量 w[i]，而两个 CPU 核就是小偷的背包，只不过这里的任务没有价值，我们可以将价值和任务的处理时间看作同一个，即任务的价值还是 needTime[i]，它对应于商品的价值 v[i]。显而易见，我们可以使用背包问题的解决方法解决“两个 CPU 核任务分配问题”。

另外，这里需要注意，我们把处理任务总时间较短的那个核（假设为 核 A）看作一个背包，因为所有任务的总时间不变，所以只需求出核 A，即可得到核 B。核 A 的解越大，核 B 的解越小。当核 B 得到最小的解时，我们便得到了问题的解。

需要注意的是，背包问题是计算机科学中的 NP 完全问题，不存在最优解，只能寻找近似解。

背包问题的解决思路是使用动态规划，设 dp[i][j]表示存在前 i 件商品，背包的容量为 W = j 时的最优解。动态规划是在子问题 dp[ik][jk]（ik<i，jk<j）得到最优解后求解当前 dp[i][j]的最优解的过程。关键是想明白 dp[i][j]与 dp[ik][jk]之间的关系，从商品的角度来思考则有：

- 当某一个背包 j 无法容下某一个 i 商品时（w[i]>j）时，当前 dp[i][j]的最优解就和没有 i 商品一样，即 dp[i][j]=dp[i－1][j]。
- 当某一个背包 j 可以容下某一个 i 商品时（w[i]≤j）时，我们要判断，以最佳的方式塞下 i 商品得到的价值（dp[i－1][j－weight[i]]＋value[i]）和没有 i 商品时的最优解 dp[i－1][j]，哪个价值更高，采用这两者中价值更高的方案。

下面是上述算法的一个简单代码实现。

```
#include <iostream>
#include <vector>
#include <numeric>
#include <algorithm>
using namespace std;
//背包问题
int getMaxValue(const vector<int>& weight, const vector<int>& value, int packet)
{
    int len = weight.size();
    vector<vector<int> > dp(len + 1, vector<int>(packet + 1, 0));
    for (int j = 1; j <= packet; j++)
```

```
        for (int i = 1; i <= len; i++)
            if (weight[i - 1] <= j)
                dp[i][j] = max(dp[i - 1][j - weight[i - 1]] + value[i - 1], dp[i - 1]
[j]);
//背包 j 可以容下 i 商品
            else
                dp[i][j] = dp[i - 1][j];
//背包 j 无法容下 i 商品
    return dp[len][packet];
}

int main()
{
    int n, num;
    cin >> n;
    vector<int> nums(n);
    for (int i = 0; i < n; i++) {
        cin >> num;
        nums.push_back(num);
    }
    int sum = accumulate(nums.begin(), nums.end(), 0);   //所有任务的总时间
    int half = static_cast<int>(sum / 2);   //处理任务总时间较短的那个核的最大的容量
    cout << sum - getMaxValue(nums, nums, half) << endl;

    return 0;
}
```

当然，工业界常用的做法是直接用 Kubernetes 进行资源调度，Kubernetes 本身就内置了很多资源调度算法，能够在相当层面上避免资源分配碎片化问题。下面我们简单的介绍一下 Kubernetes。

Kubernetes 是一个全新的基于容器技术的分布式架构领先方案。Kubernetes 是 Google 开源的容器集群管理系统（谷歌内部：Borg）。在 Docker 技术的基础上，为容器化的应用提供部署运行、服务发现、资源调度和动态伸缩等一系列完整功能，提高了大规模容器集群管理的便捷性。

Kubernetes 是一个完备的分布式系统支撑平台，具有完备的集群管理能力、多层次的安全防护和准入机制、多租户应用支撑能力、透明的服务注册和发现机制、内建智能负载均衡器、强大的故障发现和自我修复能力、服务滚动升级和在线扩容能力、可扩展的资源自动调度机制

及多粒度的资源配额管理能力。同时 Kubernetes 提供完善的管理工具，涵盖了开发、部署测试、运维监控在内的各个环节。

Kubernetes 中，Service 是分布式集群架构的核心，一个 Service 对象拥有如下关键特征。

- 拥有一个唯一指定的名字。
- 拥有一个虚拟 IP 地址（Cluster IP、Service IP 或 VIP）和端口号。
- 能够体现某种远程服务能力。
- 被映射到了提供某种业务服务能力的一组容器应用上。

Service 的服务进程目前都是基于 Socket 通信方式对外提供服务的，如 Redis、Memcache、MySQL、WebServer，或者是实现了某个具体业务的一个特定的 TCP Server 进程，虽然一个 Service 通常由多个相关的服务进程来提供服务，每个服务进程都有一个独立的 Endpoint 访问点，但 Kubernetes 能够让我们通过服务连接到指定的 Service 上。有了 Kubernetes 内建的透明负载均衡和故障恢复机制，不管后端有多少服务进程，也不管某个服务进程是否会因发生故障而重新部署到其他机器，都不会影响我们对服务的正常调用，更重要的是，Service 本身一旦创建就不会发生变化，意味着在 Kubernetes 集群中，我们不用为了服务的 IP 地址的变化问题而头疼了。

Kubernetes 集群的 Master 节点负责管理集群，提供集群的资源数据访问入口，拥有 Etcd 存储服务（可选），运行服务进程 API Server、Controller Manager 及 Scheduler，关联工作节点 Node。Kubernetes API Server 提供 HTTP RESTful API 的关键服务进程，是 Kubernetes 里所有资源的增、删、改、查等操作的唯一入口，也是集群控制的入口进程；Kubernetes Controller Manager 是 Kubernetes 所有资源对象的自动化控制中心；Kubernetes Scheduler 是负责资源调度（Pod 调度）的进程。

Node 是 Kubernetes 集群架构中运行 Pod 的服务节点（亦叫 Agent 或 Minion）。Node 是 Kubernetes 集群操作的单元，用来承载被分配 Pod 的运行，是 Pod 运行的宿主机；Node 关联 Master 节点，拥有名称、IP 地址和系统资源信息；Node 运行 Docker Engine 服务，守护进程 Kubelet 及负载均衡器 Kube-Proxy。

每个 Node 都运行着以下一组关键进程。

- Kubelet：负责对 Pod 的容器进行创建、启停等任务。

- Kube-Proxy：是实现 Kubernetes Service 的通信与负载均衡机制的重要组件。
- Docker Engine（Docker）：Docker 引擎，负责本机容器的创建和管理工作。

Node 可以在运行期间动态增加到 Kubernetes 集群中，在默认情况下，Kubelet 会向 Master 节点注册自己，这也是 Kubernetes 推荐的 Node 管理方式，Kubelet 会定时向 Master 节点汇报自身情报，如操作系统、Docker 版本、CPU 和内存，以及有哪些 Pod 在运行等，这样节点 Master 可以获知每个 Node 的资源使用情况，并实现高效均衡的资源调度策略。

Pod 运行于 Node 上，是若干相关容器的组合。Pod 内包含的容器运行在同一宿主机上，使用相同的网络命名空间、IP 地址和端口，能够通过 Localhost 进行通信。Pod 是 Kurbernetes 进行创建、调度和管理的最小单位，它提供了比容器更高层次的抽象，使得部署和管理更加灵活。一个 Pod 可以包含一个容器或多个相关容器。

Pod 其实有两种类型：普通 Pod 和静态 Pod，后者比较特殊，它并不存在 Kubernetes 的 Etcd 存储中，而是存放在某个具体的 Node 上的一个具体文件中，并且只在此 Node 上启动。普通 Pod 一旦被创建，就会被放入 Etcd 存储中，随后会被 Master 节点调度到某个具体的 Node 上进行绑定，随后该 Pod 被对应的 Node 上的 Kubelet 进程实例化成一组相关的 Docker 容器并启动起来。在默认情况下，当 Pod 中的某个容器停止时，Kubernetes 会自动检测到这个问题并重启这个 Pod（重启 Pod 中的所有容器），如果 Pod 所在的 Node 宕机，则这个 Node 上的所有 Pod 重新调度到其他节点上。

RC（副本控制器）用来管理 Pod 副本，保证集群中存在指定数量的 Pod 副本。若集群中副本的数量大于指定数量，则会停止指定数量之外的多余数量的容器；反之，则会启动少于指定数量个数的容器，保证数量不变。RC 是实现弹性伸缩、动态扩容和滚动升级的核心。

Service 定义了 Pod 的逻辑集合和访问该集合的策略，是真实服务的抽象。Service 提供了一个统一的服务访问入口，以及服务代理和发现机制，关联多个相同标签的 Pod，用户不需要了解后台 Pod 是如何运行的。

Kubernetes 中的任意 API 对象都是通过标签进行标识的，标签的实质是一系列的 Key/Value（键值对），其中 Key 与 Value 由用户自己指定。标签可以附加在各种资源对象上，如 Node、Pod、Service、RC 等，一个资源对象可以定义任意数量的标签，同一个标签也可以被添加到任意数量的资源对象上去。标签是 RC 和 Service 运行的基础，二者通过标签来关联 Node 上运行的 Pod。

我们可以通过给指定的资源对象捆绑一个或多个不同的标签来实现多维度的资源分组管理功能，以便于灵活、方便地进行资源分配、调度、配置等管理工作。

一些常用的标签如下。

- 版本标签："release":"stable"、"release":"canary"。
- 环境标签："environment":"dev"、"environment":"qa"、"environment":"production"。
- 架构标签："tier":"frontend"、"tier":"backend"、"tier":"middleware"。
- 分区标签："partition":"customerA"、"partition":"customerB"。
- 质量管控标签："track":"daily"、"track":"weekly"。

可以通过标签选择器查询和筛选拥有某些标签的资源对象，Kubernetes 通过这种方式实现类似 SQL 的简单又通用的对象查询机制。

标签选择器在 Kubernetes 中有如下重要的使用场景。

- Kubernetes Controller Manager 进程通过资源对象 RC 上定义的标签选择器来筛选要监控的 Pod 副本的数量，从而实现副本数量始终符合预期设定的全自动控制流程。
- Kube-Proxy 进程通过 Service 的标签选择器来选择对应的 Pod，自动建立起每个 Service 到对应 Pod 的请求转发路由表，从而实现 Service 的智能负载均衡。
- 通过对某些 Node 定义特定的标签，并且在 Pod 定义文件中使用 Nodeselector 标签调度策略，Kubernetes Scheduler 进程可以实现 Pod“定向调度”的特性。

GPU 资源管理平台还包括以下功能点。

- GPU 资源管理：面向算法建模和模型工程化部署团队提供 GPU 容器化服务，支持对外 GPU 容器服务暴露、裸容器服务管理、告警日志监控在内的 GPU 服务能力。
- CPU 资源管理：面向算法建模和模型工程化部署团队提供 CPU 容器化服务，支持对外 CPU 容器服务暴露、裸容器服务管理、告警日志监控在内的 CPU 服务能力。
- 资源调度策略管理：面向 CPU/GPU 用户提供各种资源调度使用策略，主要包括资源配额的滚动报备、资源的分时复用策略和资源的回收策略等。

第 8 章

人工智能中台工程化：业务能力

8.1 模型服务平台

8.1.1 基于微服务和 Python 的工程化方案

模型服务平台主要解决的一个技术难题是算法模型的服务化。

众所周知，常见的视觉和语音算法模型都是基于二进制编写的，无法直接被编程语言调用，直接暴露成 RESTful 服务。那么如何解决算法模型的服务化问题呢？

我们整理了目前的主流算法框架相关信息（见表 8-1），可以发现这些主流的算法框架都支持 Python 编程语言。

表 8-1 主流算法框架相关信息

领域分类	算法框架	推出机构	支持语言	开源协议
深度学习	TensorFlow	Google	Python/C++	Apache 2.0
	PyTorch	Facebook	Python	MIT
	Caffe	BVLC	Python/C++	BSD
	Keras	Fchollet	Python	MIT
	MXNet	亚马逊	Python/C++/R	Apache 2.0
	DeepLearnging4J	Skymind	Java	Apache 2.0

续表

领域分类	算法框架	推出机构	支持语言	开源协议
数字图像处理	OpenCV	Intel	C++	BSD 3-Clause License
机器学习	NumPy	Community	Python	BSD-new license
	Pandas	Community	Python	BSD-new license
	SciPy	Community	Python	BSD-new license
	sklearn	Community	Python	BSD-new license
	XGBoost	Community	Python	BSD-new license
	LightGBM	微软	Python	BSD-new license
语义	Jieba	Sun、Junyi	Python	MIT
	NLTK	Steven Bird and Liling Tan	Python	MIT
	tqdm	Community	Python	MIT
	Gensim	Community	Python	MIT

通过表 8-1 可以知道，绝大部分的人工智能算法都可以由 Python 编写，所以可以得到以下结论。

- Python/C++覆盖所有主流算法框架。
- Python 对数学建模支持良好，语法简单，在算法工程师中受众较多。
- C++在视频、音频编解码方面能力强，适合做计算机图像算法研发。
- R 和 Java 在算法领域应用很少，可以排除在主流算法语言之外。

那么，如何使用 Python 实现人工智能算法服务化呢？工业界常用的技术原理是 Python+ Docker +微服务架构。

首先，因为在前一章中已介绍，Docker 是 GPU 资源虚拟化和调度的最优选择，这里不再赘述。

其次，在 Docker 中整合进 Python，用 Python 来读取模型文件实现在线推理。因为常见的人工智能框架都提供基于 Python 脚本的推理函数，所以我们需要做的只是在 Docker 容器内置 Python 脚本片段，内置推理函数，下载模型文件，对外暴露 RESTful API。

最后，引入微服务概念，做到对 Docker 容器内 Python 进程的管理监控和资源调度。

总体上，从架构上将整个系统分为服务层和算法容器两块，服务层为主进程，用于对外提供服务+算法容器管理。每个算法容器运行在一个独立的子进程中，用于运行真正的算法。

1. 服务层

服务层负责对外提供 HTTP 访问的服务，除此之外还有一个特别重要的功能就是算法容器管理。算法容器管理分为以下三部分。

- 算法版本管理：用于管理目前运行的算法类型及相应的版本。不同类型的算法还会提前配置好启动时的版本及历史可用的版本列表。
- 运行/监控/异常回滚：基于算法版本管理启动（启动子进程）对应版本的算法。在运行过程中会实时监控算法运行情况，若发生异常则回滚到上一稳定的版本。
- 容器通讯：与算法所运行在的子进程进行通信，达到调用算法的目的。由于考虑到进程间通信的高性能，此处采用 UNIX Domain 的方式。

2. 算法容器

每个算法容器运行在一个独立的子进程中，以算法类型+版本为最小粒度启动算法，每个容器只会运行一个算法类型+版本的算法。而算法引擎则主要负责以下两个事情。

- 特征数据适配/修正：在实践过程中因特征数据的格式错误导致的崩溃（Crash）比较多，所以在算法引擎这方面，需要对每次输入的特征数据进行适配/修正，保证特征数据的正确性。
- 多语言算法适配：用于适配用不同语言实现的算法。例如，算法系统是采用 Golang 来实现的，对于 Golang 可以直接通过 Cgo 来调用 C 语言，因此对于 C/C++的算法，只要打包成 Lib 即可被调用，而 Python 也支持用 C 语言调用来初始化 Python 引擎，因此多语言适配都是可行的。

算法容器的好处如下。

- 稳定性高：服务层与算法容器在不同的进程，算法的崩溃不会导致服务层崩溃，而服务层还会进行实时监控及异常回滚，最大限度地保障服务的稳定性。
- 性能高：对于算法来说，计算是 CPU 密集的，数据会提前放入内存，不会有额外的由于数据加载而产生的低性能 I/O 操作（如网络 I/O、磁盘 I/O）。算法容器架构使用多进程，但每个进程只有一个线程，不存在多线程之间的锁等造成的性能浪费（类似于 Redis）。另外，多子进程可以充分利用多个 CPU，以达到性能最优。

有人会说，这里看不到有什么必要引入微服务啊，直接用 Python+Docker 不就搞定了吗？

对于人工智能产品团队而言，最开始当团队比较小，或项目比较简单时，微服务的优势没有那么明显。原因在于，最开始的时候为了完成微服务的架构要做很多前期准备工作，要做各种脚本和自动化，所以单体架构其实更能满足比较简单的业务需求。

但是随着复杂度越来越高，单体架构的缺陷会越来越明显。如果用过单体架构就会知道，当一个团队 70 人同时提交代码的时候，要做很多的测试（包括一些集成的工作），才能保证上线的代码没有问题。

微服务部分解决了这个问题，原因在于它能够比较独立地把各个部门封装成不同 API 的服务，各个团队只需要维护自己 API 的内容。当团队比较大，或服务很复杂的时候，应该尽可能地将服务拆分。

当然，推进微服务的过程中也会出现问题，但是对于一个比较小的团队来说，快速出现问题永远比不出现问题要好。

这里要提醒一下各位读者，本章中“Python + Docker + 微服务”的方式，是为了兼容各种不同的算法框架做算法服务化。例如，笔者见过很多人工智能公司，有的团队用 Caffe，有的团队用 PyTorch，每个团队都有一堆历史积累，所以只能寻找大家的公约数，自建容器和代码解决该问题。

8.1.2 基于 TensorRT 的工程化方案

2016 年，NVIDIA 公司发布了一个名为 TensorRT 的技术，它可以实现算法的自动优化，并且其中还包括一个名为 TensorFlow Serving 的功能，它可以实现算法的自动服务化。

下面简单介绍 TensorRT 和 TensorFlow Serving。

TensorRT 的核心是一个 C++库，可以促进 NVIDIA GPU 的高性能推断。它旨在与 TensorFlow、Caffe、PyTorch、MXNet 等人工智能训练框架以互补的方式工作。TensorRT 专注于在 GPU 上快速有效地运行已经训练过的网络，以产生结果（一个过程，在各个地方被称为评分、检测、回归或推断）。

一些人工智能训练框架（如 TensorFlow）集成了 TensorRT，因为 TensorRT 可加速框架内的推理。TensorRT 还可以用作用户应用程序中的库。TensorRT 包括从 Caffe、ONNX 或 TensorFlow 导入现有模型的解析器，以及以编程方式构建模型的 C ++和 Python API。

那么，使用 TensorRT 具体能带来哪些技术好处呢？

在训练神经网络之后，TensorRT 使网络能够在运行时进行压缩、优化和部署，而无须框架的开销。TensorRT 结合了层，优化了内核选择，并根据指定的精度（FP32、FP16 或 INT8）执行归一化和转换为优化的矩阵数学，以提高延迟、吞吐量和效率。

对于深度学习推理，有以下 5 个用于衡量软件的关键因素。

- 吞吐量：给定时期内的产出量。通常以推理/秒或样本/秒来衡量，服务器吞吐量对于数据中心的成本的有效扩展至关重要。
- 效率：每单位功率提供的吞吐量，通常表示为性能/瓦特。效率是实现成本效益数据中心扩展的另一个关键因素，因为服务器、服务器机架和整个数据中心必须在固定功率预算内运行。
- 潜伏时间：执行推理的时间，通常以毫秒为单位。低延迟对于提供快速增长的基于实时推理的服务至关重要。
- 准确性：训练有素的神经网络能够提供正确的答案。对于基于图像分类的用法，关键指标表示为前 5 或前 1 百分比。
- 内存使用情况：在网络上进行推理的主机和设备内存取决于深度学习所使用的算法。这限制了网络和网络的哪些组合可以在给定的推理平台上运行。内存使用情况对于需要多个网络且存储器资源有限的系统尤其重要。例如，用于智能视频分析和多摄像机、多网络自动驾驶系统的级联多级检测网络。

TensorRT 通过将 API 与特定硬件细节的高级抽象相结合，以及专为高吞吐量、低延迟和低设备内存占用推断而开发和优化的实现来提高上述关键因素。

TensorRT 基于新的或现有深度学习模型构建功能和应用程序，供将模型部署到生产环境中的工程师使用。这些部署可能是数据中心或云中的服务器、嵌入式设备、机器人或车辆中的服务器，或将在用户工作站上运行的应用程序软件。

TensorRT 已成功应用于各种场景，包括机器人、自动驾驶汽车、科学和技术计算、深度学习培训和部署框架、视频分析及自动语音识别。

通常，开发和部署深度学习模型的工作流程分为以下三个阶段。

1. 算法训练

在算法训练阶段，数据科学家和开发人员从他们想要解决的问题的陈述开始，并决定他们使用的精确输入、输出和损失函数。他们还收集、策划、扩充，并标记培训、测试和验证数据集。然后他们设计网络结构并训练模型。在算法训练阶段，他们监控学习过程，该过程可能提供反馈，这将导致他们修改损失功能、获取或增加培训数据。在此过程结束时，他们验证模型性能并保存训练模型。通常使用 DGX-1、Titan 或 Tesla 数据中心 GPU 进行培训和验证。

2. 开发推理引擎

在开发推理引擎阶段，数据科学家和开发人员给出训练成熟的算法模型，交给工程师使用此模型创建和验证部署解决方案。

鉴于人工智能解决方案的多样性，在设计和实现部署体系结构时可能需要考虑很多事情。

例如，算法模型中有一个网络还是许多网络？使用什么设备或计算元素来运行网络？ 数据如何进入模型？将进行哪些预处理？数据的格式是什么？有什么延迟和吞吐量要求？能否将多个请求批处理在一起吗？是否需要单个网络的多个实例来实现所需的整体系统吞吐量和延迟？如何处理网络输出？需要哪些后期处理步骤？

TensorRT 提供了一个快速、模块化、紧凑、强大、可靠的推理引擎，可以支持部署体系结构中的推理需求。

在数据科学家和开发人员定义他们的推理解决方案的架构之后，可以使用 TensorRT 从保存的网络构建推理引擎。具体的做法是，使用 ONNX 解析器、Caffe 解析器或 TensorFlow/UFF 解析器将网络从其保存的格式解析为 TensorRT。

在解析网络之后，用户需要考虑优化选项（批量大小、工作空间大小和混合精度）。选择这些选项并将其指定为 TensorRT 构建步骤的一部分，用户可以根据网络实际构建优化的推理引擎，将模型解析为 TensorRT 并选择优化参数。

使用 TensorRT 创建推理引擎后，用户需要验证它是否和训练过程中测量的模型结果一致。

3. 部署推理引擎

TensorRT 库将链接到部署应用程序中，当需要推理结果时，该应用程序将调用 TensorRT 库。若要初始化推理引擎，则应用程序首先将模型从计划文件反序列化为推理引擎。

TensorRT 通常是异步使用的，因此，当输入数据到达时，应用程序使用输入缓冲区和 TensorRT 放置结果的缓冲区调用 enqueue 函数。

接下来介绍 TensorRT 是如何运作的。

为了优化推理模型，TensorRT 采用网络定义执行优化（包括针对特定平台的优化），生成推理引擎。此过程称为构建阶段。构建阶段可能需要相当长的时间，尤其是在嵌入式平台上运行时。因此，典型的应用程序将构建一次引擎，然后将其序列化以供以后使用。

需要注意的是，生成的计划文件不能跨平台或 TensorRT 版本移植。计划特定于应用程序构建的精确 GPU 模型（除了平台和 TensorRT 版本），并且必须重新定位到特定的 GPU。

在构建阶段，TensorRT 会在图层上执行以下优化操作。

- 消除未使用输出的层。
- 融合卷积和 ReLU 操作。
- 通过将层输出定向到正确的最终目标来合并连接层。

此外，构建阶段还在虚拟数据上运行图层，从内核目录中选择最快的图像，并在适当的情况下执行权重预格式化和内存优化。

TensorRT 使开发人员能够导入、校准、生成和部署优化网络。网络可以直接从 Caffe 导入，也可以通过 UFF 或 ONNX 格式或从其他框架导入，还可以通过实例化单个图层直接设置参数和权重以编程方式创建。

用户还可以使用 Plugin 界面通过 TensorRT 运行自定义图层。GraphSurgeon 应用程序提供了将 TensorFlow 节点映射到 TensorRT 中的自定义层的功能，从而可以使用 TensorRT 推断许多 TensorFlow 网络。

TensorRT 库中的关键接口如下。

- 网络定义：为应用程序提供了指定网络定义的方法，可以指定输入和输出张量，可以添加图层，还有用于配置每个支持的图层类型的界面。除了层类型（如卷积层和循环层）及插件层类型，应用程序还可以实现 TensorRT 本身不支持的功能，如有关网络定义的详细信息。
- 生成器：允许从网络定义创建优化引擎，允许应用程序指定最大批量、工作空间大小、最小可接受精度水平、自动调整的计时迭代计数，以及用于量化网络以 8 位精度运行的接口。

- 引擎：允许应用程序执行推理，支持同步和异步执行、分析、枚举，以及查询引擎输入和输出的绑定。单个引擎可以具有多个执行上下文，允许使用单组训练参数来同时执行多个批次。

TensorRT 还提供解析器，用于导入经过训练的网络以创建网络定义。

- Caffe 解析器：可用于解析在 BVLC Caffe 或 NVCaffe 0.16 中创建的 Caffe 网络。它还提供了为自定义图层注册插件工厂的功能。
- UFF 解析器：可用于以 UFF 格式解析网络。它还提供了注册插件工厂和传递自定义图层的字段属性的功能。
- ONNX 解析器：可用于解析 ONNX 模型。需要注意的是，由于 ONNX 格式正在快速开发，因此用户可能会遇到模型版本和解析器版本之间的版本不匹配。TensorRT 5.1.x 附带的 ONNX 解析器支持 ONNX IR 版本 0.0.3，OpSet 版本 9。

以上比较详细地介绍了 TensorRT 的相关内容，下面来看看关于 TensorFlow Serving 的内容。基于 TensorFlow Serving 的持续集成框架还是很简明的，主要分为以下三个部分。

- 模型训练：主要包括数据的收集和清洗，以及模型的训练、评测和优化。
- 模型上线：训练好的模型在 TensorFlow Servering 中上线。
- 服务使用：客户端通过 gRPC 和 RESTful API 两种方式与 TensorFlow Servering 端进行通信，并获取服务。

TensorFlow Serving 的工作流程主要分为以下几个步骤。

- Source 会针对需要加载的模型创建一个加载器（Loader），加载器会包含要加载模型的全部信息。
- Source 通知管理器有新的模型需要进行加载。
- 管理器通过版本管理策略（Version Policy）来确定哪些模型需要被下架，哪些模型需要被加载。
- 管理器在确认需要加载的模型符合加载策略后，通知加载器加载最新的模型。

❍ 客户端向服务端请求模型结果时，可以指定模型的版本，也可以使用最新模型的结果。

TensorFlow Serving 客户端和服务端的通信方式有两种（gRPC 和 RESTful API），下面来看两个具体的示例。

示例 1：通过 RESTful API 形式进行通信。

首先准备 TensorFlow Serving 的 Docker 环境。目前 TensorFlow Serving 有 Docker、APT（二进制安装）和源码编译三种方式，但考虑实际的生产环境项目部署和简单性，推荐使用 Docker 方式。

```
docker pull tensorflow/serving
```

然后下载官方示例代码。示例代码包含已训练好的模型和与服务端进行通信的客户端（RESTful API 形式不需要专门的客户端）。

```
mkdir -p /tmp/tfserving
cd /tmp/tfserving
git clone https://github.com/tensorflow/serving
```

运行 TensorFlow Serving，代码如下。

```
docker run -p 8501:8501 \
  --mount type=bind,\
source=/tmp/tfserving/serving/tensorflow_serving/servables/tensorflow/testdata/saved_
model_half_plus_two_cpu,\
target=/models/half_plus_two \
-e MODEL_NAME=half_plus_two -t tensorflow/serving &
```

这里需要注意的是，较早的 Docker 版本没有“--mount”选项。例如，Ubuntu 16.04 默认安装的 Docker 就没有。

最后进行客户端验证，代码如下。

```
curl -d '{"instances": [1.0, 2.0, 5.0]}' \
-X POST http://localhost:8501/v1/models/half_plus_two:predict
```

返回结果如下。

```
{ "predictions": [2.5, 3.0, 4.5] }
```

示例 2：通过 gRPC 形式进行通信。

本示例的具体步骤和示例 1 基本相同，下面直接给出代码。

```
docker pull tensorflow/serving
mkdir -p /tmp/tfserving
cd /tmp/tfserving
git clone https://github.com/tensorflow/serving
//模型编译
python tensorflow_serving/example/mnist_saved_model.py models/mnist
docker run -p 8500:8500 \
--mount type=bind,source=$(pwd)/models/mnist,target=/models/mnist \
-e MODEL_NAME=mnist -t tensorflow/serving
python tensorflow_serving/example/mnist_client.py --num_tests=1000 --server=127.0.0.1:
8500
```

返回结果如下。

```
Inference error rate: 11.13%
```

这里需要注意的是，直接运行 mnist_client.py 会出现找不到“tensorflow_serving”的问题，此时需要手动安装，代码如下。

```
pip install tensorflow-serving-api
```

8.2　算法建模平台

算法建模平台主要需要解决的一个技术难点是图形化和半自动化的生成算法，所幸的是，我们有一个很棒的开源框架 Jupyter，它基本上能覆盖掉我们主要的功能需求。

下面简单介绍一下 Jupyter Notebook 是什么，怎么用。

Jupyter Notebook 是一款开源的网络应用，我们可以将其用于创建和共享代码与文档。其提供了一个环境，无须离开这个环境，就可以在其中编写代码、运行代码、查看输出、可视化数据和结果。因此，这是一款可执行端到端的数据科学工作流程的便捷工具，其中包括数据清理、统计建模、构建和训练机器学习模型、可视化数据等。

当用户还处于原型开发阶段时，Jupyter Notebook 的作用更是引人注目的。这是因为代码是按独立单元的形式编写的，而且这些单元是独立执行的。用户可以测试一个项目中的特定代码块，而无须从项目开始处执行代码。很多 IDE 环境（如 RStudio）也有几种方式能做到这一点，但笔者个人觉得 Jupyter Notebook 的单个单元结构是最好的。

这些 Jupyter Notebook 非常灵活，能为数据科学家提供强大的交互能力和工具。它们甚至允许运行 Python 之外的其他语言，如 R、SQL 等。因为 Jupyter Notebook 比单纯的 IDE 平台更具交互性，所以 Jupyter Notebook 以更具教学性的方式展示代码。

如何安装 Jupyter Notebook 呢？

首先需要在机器上安装 Python，Python 2.7 或 Python 3.3（或更新版本）都可以。

对于新用户而言，一般的共识是使用 Anaconda 来安装 Python 和 Jupyter Notebook。Anaconda 会同时安装这两个工具，并且还包含数据科学和机器学习社区常用的软件包。

如果你因为某些原因不愿意使用 Anaconda，那么需要确保你的机器运行着最新版的 pip。如果你已经安装了 Python，那么就已经有 pip 了。安装好 pip 之后，就可以继续安装 Jupyter Notebook。

要运行 Jupyter Notebook，只需在命令行输入以下命令即可。

```
jupyter notebook
```

完成之后，Jupyter Notebook 就会在默认网络浏览器打开。

在某些情况下，Jupyter Notebook 可能不会自动打开，而是会在终端/命令行生成一个 URL，并带有令牌密钥提示。需要将包含这个令牌密钥在内的整个 URL 都复制并粘贴到浏览器，然后才能打开 Jupyter Notebook。

打开 Jupyter Notebook 后，会看到顶部有三个选项卡：Files、Running 和 Clusters。其中，Files 是列出所有文件，Running 是展示当前打开的终端和笔记本，Clusters 是由 IPython Parallel 提供的用来控制 Jupyter 集群的功能，目前使用频率较低。

要打开一个新的 Jupyter Notebook，单击页面右侧的“New”选项，会看到 4 个需要选择的选项：Python 3、Text File、Folder、Terminal。

选择“Text File”选项会得到一个空面板，可以添加任何字母、单词和数字。其基本上可以看作是一个文本编辑器（类似于 Ubuntu 的文本编辑器），可以选择语言（有很多语言选项），可以编写脚本，也可以查找和替换该文件中的词。

选择“Folder”选项会创建一个新的文件夹，可以放入文件、重命名或删除，各种操作都可以。

Terminal 完全类似于在 Mac 或 Linux 机器上的终端（或 Windows 上的 cmd）。Terminal 能在网络浏览器内执行一些支持终端会话的工作。在这个终端输入“python”，就可以开始写 Python 脚本了！

选择“Python 3”选项，可以导入最常见的 Python 库。

Jupyter Notebook 的开发者已经在 Jupyter Notebook 中内置了一些预定义的神奇功能，能让用户的生活更轻松，让用户的工作更具交互性。在 Jupyter Notebook 中，命令可以以两种方式运行：逐行方式和逐单元方式。顾名思义，逐行方式是执行单行的命令，逐单元方式则是执行不止一行的命令，是执行整个单元中的整个代码块。

除此之外，用户甚至能在 Jupyter Notebook 中使用其他语言，比如 R、Julia、JavaScript 等。

Jupyter Notebook 中还有一种功能叫作交互式仪表盘，在仪表盘上可以添加各种插件的快速入口，提高工作效率。

快捷方式是 Jupyter Notebook 最大的优势之一。当用户想运行任意代码块时，只需要按下“Ctrl+Enter”组合键就行了。Jupyter Notebook 提供了很多键盘快捷键，可以帮助用户节省很多时间。

Jupyter Notebooks 提供了两种不同的键盘输入模式——命令和编辑。命令模式是将键盘和笔记本层面的命令绑定起来，并且用带有蓝色左边距的灰色单元边框表示。编辑模式可以在活动单元中输入文本（或代码），用绿色单元边框表示。

可以分别使用“Esc”键和“Enter”键在命令模式和编辑模式之间跳跃。进入命令模式之后（此时没有活跃单元），可以尝试各种快捷键的使用效果。要想查看键盘快捷键完整列表，可在命令模式按下“H”键或进入“Help > Keyboard Shortcuts”菜单。

扩展/附加组件是一种非常有生产力的方式，能提升 Jupyter Notebook 的生产力。要启用某个扩展，只需勾选“扩展/附加组件”复选框即可。下面给出了 4 个笔者觉得最有用的扩展。

- Code prettify：它能重新调整代码块内容的格式并进行美化。
- Printview：这个扩展会添加一个工具栏按钮，可为当前笔记调用 Jupyter Nbconvert，并可以选择是否在新的浏览器标签页显示转换后的文件。

- Scratchpad：这个扩展会添加一个暂存单元，无须修改笔记就能运行代码。当你想实验你的代码但不想改动实时笔记时，这会是一个非常方便的扩展。
- Table of Contents（2）：这个扩展可以收集笔记中的所有标题，并将它们显示在一个浮动窗口中。

创建笔记是 Jupyter Notebook 最重要且最出色的功能之一。当我们写一篇博客文章时，代码和评论都会在一个 Jupyter 文件中，我们需要将它们转换成另一个格式。这些笔记是 JSON 格式的，在进行共享时不会很有帮助。

可以用 7 种可选格式保存笔记，其中最常用的是.ipynb 文件和.html 文件。使用.ipynb 文件可让其他人将你的代码复制到他们的机器上，.html 文件能以网页格式打开（当你需要保存嵌入在笔记中的图片时会很方便）。也可以使用“nbconvert”选项手动将笔记转换成 HTML 或 PDF 等格式。

使用 JupyterHub 能将笔记托管在它的服务器上并进行多用户共享。很多顶级研究项目都在使用这种方式进行协作。

JupyterLab 是 2018 年 2 月份推出的，被认为是 Jupyter Notebook 的进一步发展。JupyterLab 支持更加灵活和更加强大的项目操作方式，但它具有和 Jupyter Notebook 一样的组件。JupyterLab 环境与 Jupyter Notebook 环境完全一样，但 JupyterLab 具有生产力更高的体验。

尽管独自工作可能很有趣，但大多数时候你都是团队的一员。在这种情况下，遵循指导原则和最佳实践是很重要的，能确保你的代码和 Jupyter Notebook 都有适当的注释，以便与你的团队成员保持一致。下面列出了一些最佳实践指标，在 Jupyter Notebook 上工作时一定要遵守。

- 确保为代码添加了适当的注释。
- 确保代码有所需的文档。
- 考虑一个命名方案并贯彻始终，让其他人更容易遵循。
- 不管代码需要什么库，都在笔记起始处导入代码，并在旁边添加注释说明导入目的。

另外一个关于 Jupyter 常见的需求是，在 Juptyer 中运行 TensorFlow，其实很简单，只用几行命令就能达成目标。

首先打开 anaconda prompt 窗口，输入如下命令行。就和打开 Windows 的命令行窗口一样，但区别在于前面的那个括号里面是 base，说明现在是在 anaconda 的 base 环境中。

```
(base) C:\Users\yourname>
```

接着新建一个环境，叫作 mytensorflow。这里注意，一定要设定 Python 版本，主要是为了各组件使用统一的版本，避免一些奇怪的 bug，笔者装的是 3.5 版本。

```
(base) C:\Users\yourname>conda create -n mytensorflow python=3.5
```

接着激活环境。激活之后括号里的 base 变成了 mytensorflow，说明已经进入了 mytensorflow 环境，但是现在这个环境里什么也没有。

```
(base) C:\Users\yourname>activate mytensorflow
(mytensorflow) C:\Users\yourname>
```

接着安装各个库。这就和常规的命令行操作一样了，安装需要使用的 Python 库。安装好了这些 Python 库，发现 TensorFlow 还是在 Jupyter 上用不了。这时还需要在这个环境中安装 ipython 和 Jupyter。这时就可以在 Jupyter 中使用 TensorFlow 了。

```
(mytensorflow) C:\Users\yourname>conda install ipython
(mytensorflow) C:\Users\yourname>conda install jupyter
```

Jupyter 能够简单、快速、便捷地实现基于图形化的算法脚本编写建模测试工作。那么，如何把 Jupyter 封装成算法训练平台呢？

答案很简单，首先将 Jupyter 装入 Docker 镜像，然后通过一个图形化界面管控和封装 Jupyter 容器的创建、生产和销毁。

图 8-1 是一个典型的算法训练平台的服务架构。

通过 SpringCloud 搭建完成的算法训练平台能够通过图形化界面申请创建 Jupyter 容器，同时通过 Nginx+Lua 脚本的方式代理连接 Jupyter 的图形化界面，算法训练平台打通 Kubernetes 和 Jenkins，打通算法训练的 DevOps 流水线。

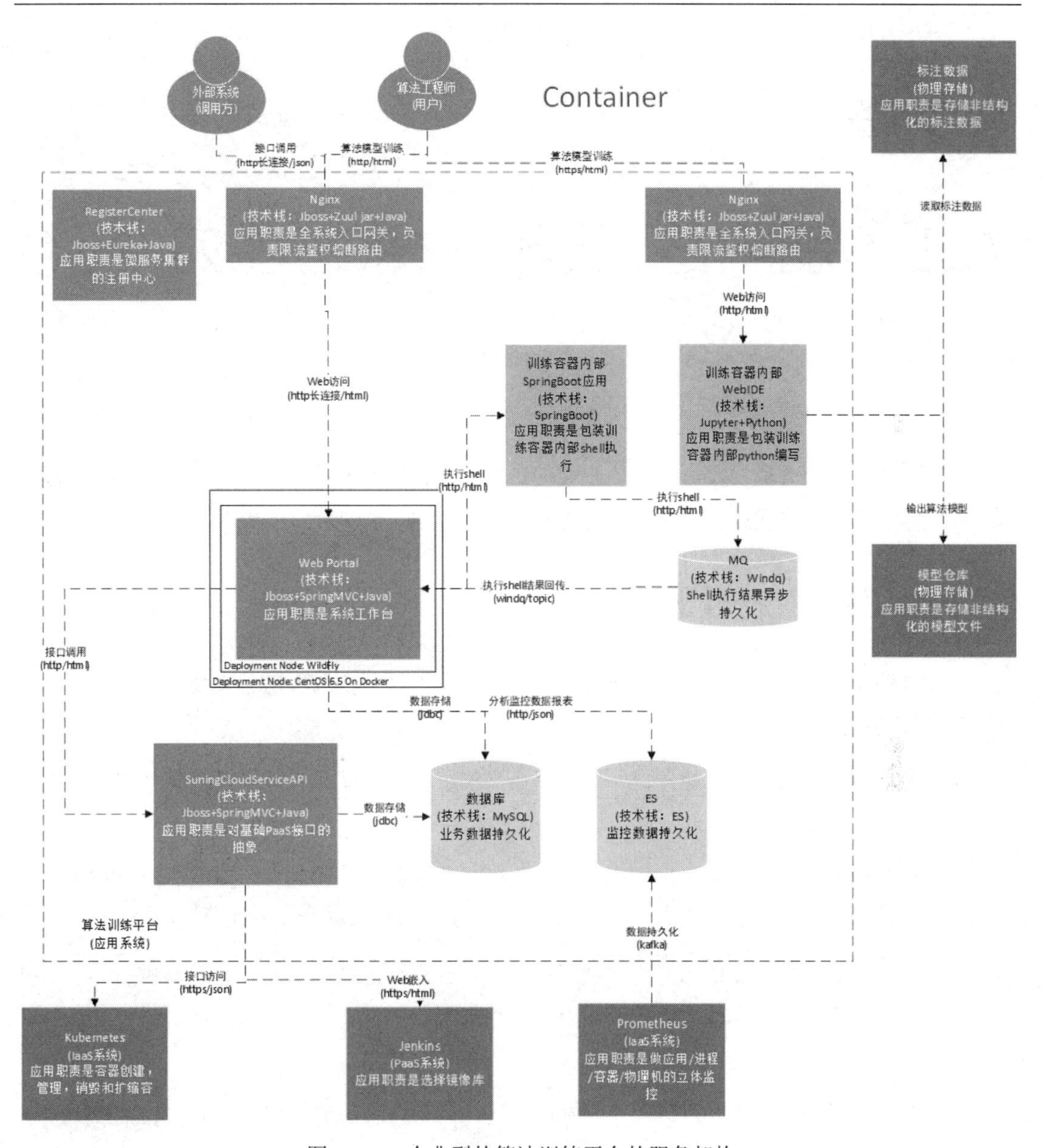

图 8-1　一个典型的算法训练平台的服务架构

第9章

人工智能中台工程化：平台能力

在拥有了上述所有能力之后，人工智能中台就初步构建好了。我们需要搭建一个平台将所有这些能力对外暴露出去，否则我们的用户无法使用它们，下面将介绍相关的内容。

9.1 人工智能统一门户平台

人工智能统一门户平台在技术上没有太多的技术难点，基本上可以看成是一个开放平台，其主要关心的功能点如下。

- 能力宣传：为人工智能图像、语音和语义的能力及产品解决方案提供统一的对外输出平台。
- 产品服务集成：提供人工智能中心内部产品和服务的集成能力，支持在门户侧进行统一的账户创建、服务接入/开通/鉴权、用户角色权限配置及计量计费管理等。
- 平台运维管理：提供的能力包括服务的入驻管理、运维信息统计、账单中心、工单中心、消息中心、文档支撑中心、系统配置管理、素材管理、样式管理、前台内容发布管理等。

从大的功能架构上来说，可以将人工智能统一门户平台分成展示层、接入层和系统层三个层面，其中展示层主要面向用户提供一些用户级的前台帮助，接入层包括一些后台支撑服务，而系统层则是门户的后台管理员界面。一个典型的人工智能统一门户平台的功能架构如图 9-1 所示。

在这里需要注意的是，人工智能统一门户平台需要对外暴露算法服务，而在前几章我们知道，算法服务其实是由算法服务化平台孵化暴露的。

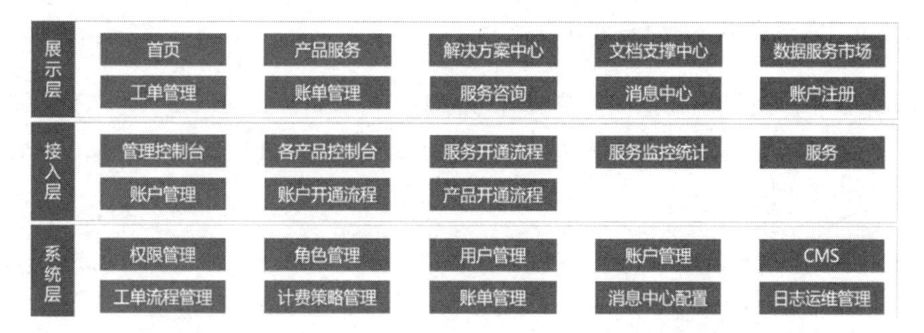

图 9-1　一个典型的人工智能统一门户平台的功能架构

这里就存在一个问题，算法服务化平台的微服务如何和人工智能统一门户平台的微服务异构管理。如果两者都是基于 SpringCloud 架构的，那么可以用以下几种方案解决。

问题描述如下。

- 系统 B 的微服务同时暴露在系统 A 里。
- 同一个微服务集群包含两个不同的子系统，每个子系统有独立的域名和网关。
- 在微服务集群中实现租户隔离和灰度隔离。

解决方案如下。

1. 方案 1：通过重复部署同一个服务达到硬隔离

如果系统 B 中的微服务 B 想暴露给系统 A 的网关，那么只能更改注册配置，并移植到系统中重新部署，如图 9-2 所示。

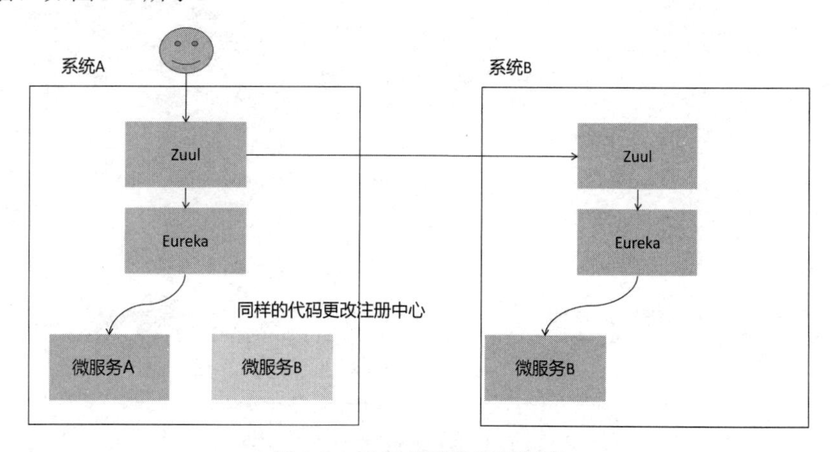

图 9-2　重复部署达到硬隔离

2. 方案 2：通过 forward 请求做报文转发

如果系统 B 中的微服务 B 想在系统 A 中暴露对外服务，那么可以在系统 A 的网关中加入微服务 B 的 URL，然后通过网关的转发功能，将流量导入系统 B，如图 9-3 所示。

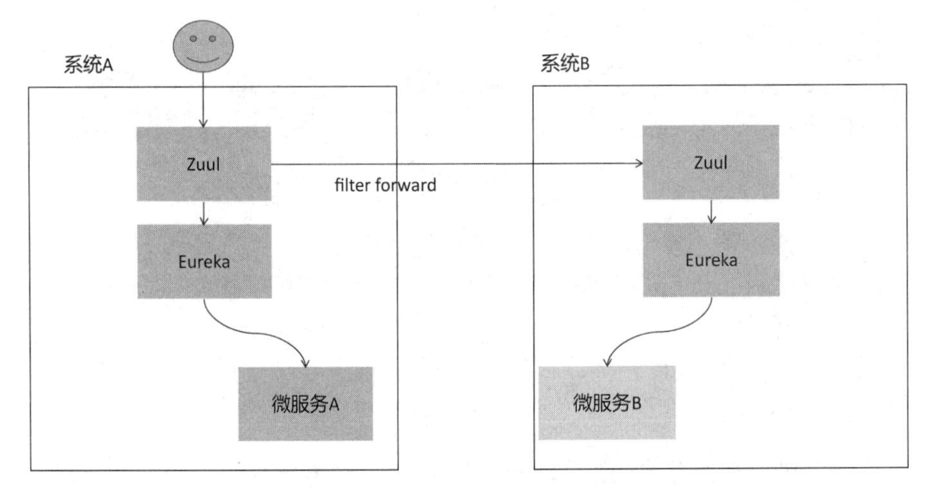

图 9-3 通过 forward 请求做报文转发

3. 方案 3：将两个系统的注册中心打通

可以将两个系统的注册中心打通，相互注册，然后通过 Metadata 做网关路由隔离，如图 9-4 所示。

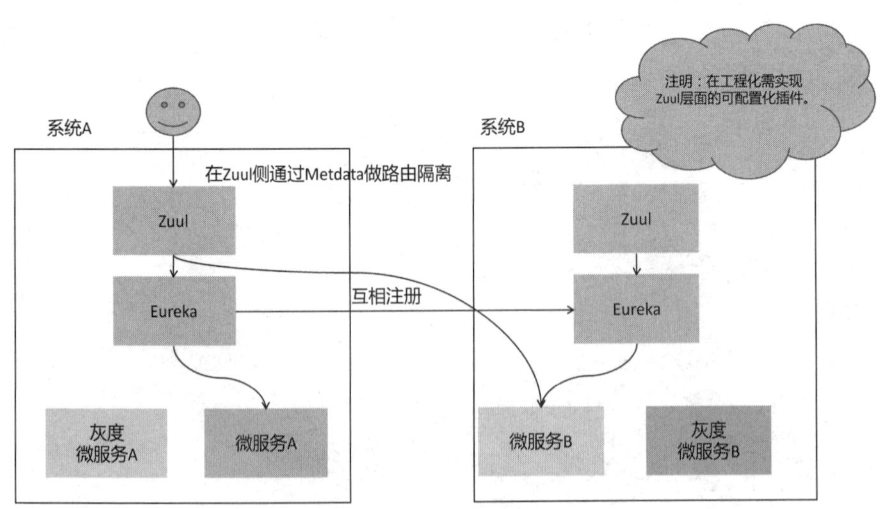

图 9-4 通过打通注册中心做跨系统调用

综上所述，人工智能统一门户平台可以通过如上三种不同的技术方案和算法服务化平台打通，达到算法服务对外的无缝打通。人工智能统一门户的权限角色和计费系统，都比较简单和普通，此处就不再赘述。

9.2 人工智能中台工程化的另一种选择——Kubeflow

在前面的部分中，介绍了从头搭建 GPU 资源管理、模型训练、模型服务化、人工智能统一门户的种种技术细节。但是其实从 2017 年开始，Google 开源了基于 Kubernetes 和 TensorFlow 的 Kubeflow 来提供一个数据科学的工具箱和部署平台。

对于中小型企业而言，直接用 Kubeflow 一键式搭建整套的人工智能中台是一个快捷的好办法。从 Kubeflow 的官方介绍中可以看到其很多优点。

- 基于 Kubernetes，所有功能都很容易地在云上扩展。例如，多租户功能、动态扩展、对 AWS/GCP 的支持等。
- 利用微服务架构，扩展性强；基于容器，加入新的组件非常容易。
- 出色的 DevOps 和 CI/CD 支持；使用 Ksonnet/Argo，部署和管理组件和 CI/CD 都变得非常轻松。
- 多核心支持，除了深度学习引擎，Kubeflow 很容易扩展新的引擎，如 Caffe2 正在开发中。
- GPU 资源调度和支持。

但是在目前阶段，Kubeflow 还存在以下问题。

- 组件比较多，缺乏协调，更像是一堆工具集合。希望能有一个整合流畅的工作流，能统一各个步骤。
- 文档还需改善。

因为 Kubeflow 的当前版本是 0.2.5，还不太稳定，所以本文只做一个简单的介绍。但是笔者相信，未来 Kubeflow 会有很好的发展，在 Google 的加持下，将成为同领域的技术标准。

下面简单介绍 Kubeflow 的基本功能。

Kubeflow 顾名思义，是 Kubernetes + TensorFlow，是 Google 为了支持自家的 TensorFlow 的

部署而开发出的开源平台，当然它也支持 PyTorch 和基于 Python 的 SKlearn 等其他机器学习的引擎。与其他产品相比较，Kubeflow 是基于强大的 Kubernetes 之上构建的，Kubeflow 的未来和生态系统更值得看好。

Kukeflow 主要提供在生产系统中简单的大规模部署机器学习的模型的功能，Kubeflow 是基于 Kubernetes 的机器学习工具集，它提供一系列的脚本和配置，管理 Kubernetes 的组件。

Kubeflow 本身的技术架构是基于 Kubernetes 的微服务架构，基于 Kubernetes 扩展其他能力非常方便，Kubeflow 提供的其他扩展包括如下内容。

- Pachyderm 基于容器和 Kubernetes 的数据流水线。
- Weaveworks flux 基于 Git 的配置管理。

可以看出，基于 Kubernetes，Kubeflow 利用已有的生态系统构建微服务架构，可以说充分体现了微服务的高度扩展性。下面介绍 Kubeflow 是如何整合核心组件来提供机器学习模型部署的功能的。

1. JupyterHub

Jupyter Notebook 是深受数据科学家喜爱的开发工具，它提供出色的交互和实时反馈。JupyterHub 提供一个使用 Juypter Notebook 的多用户使用环境。运行以下命令，通过接口转发（port-forward）访问 JyputerHub。

```
kubectl port-forward tf-hub-0 8000:8000 -n <ns>
```

第一次访问，可以创建一个实例。创建的实例可以选择不同的镜像，可以实现对 GPU 的支持。同时需要选择配置资源的参数。

Kubeflow 在 Jupyter Notebook 镜像中集成了 TensorBoard，可以方便地对 TensorFlow 的程序进行可视化和调试。在 Jupyter Notebook 的控制台（Console）中，输入下面的命令开启 TensorBoard。

```
tensorboard --logdir <logdir>
$ tensorboard --logdir /tmp/logs
2018-09-15 20:30:21.186275: I tensorflow/core/platform/cpu_feature_guard.cc:140] Your
CPU supports instructions that this TensorFlow binary was not compiled to use: AVX2 FMA
W0915 20:30:21.204606 Reloader tf_logging.py:121] Found more than one graph event per r
un, or there was a metagraph containing a graph_def, as well as one or more graph events.
 Overwriting the graph with the newest event.
W0915 20:30:21.204929 Reloader tf_logging.py:121] Found more than one metagraph event p
er run. Overwriting the metagraph with the newest event.
```

```
W0915 20:30:21.205569 Reloader tf_logging.py:121] Found more than one graph event per r
un, or there was a metagraph containing a graph_def, as well as one or more graph events.
 Overwriting the graph with the newest event.
TensorBoard 1.8.0 at http://jupyter-admin:6006 (Press CTRL+C to quit)
```

访问 TensorBoard 也需要接口转发，这里 user 是创建 Jupyter Notebook 的用户名，Kubeflow 为一个实例创建一个 Pod。默认的 TensorBoard 的端口是 6006。

```
kubectl port-forward jupyter-<user> 6006:6006 -n <ns>
```

2. TensorFlow 训练

为了支持在 Kubernetes 中进行分布式的 TensorFlow 的训练，Kubeflow 开发了 Kubernetes 的 CDR、TFJob（tf-operater）。分布式的 TensorFlow 支持多个进程。

下面的 YAML 配置是 Kubeflow 提供的一个 CNN Benchmarks 的例子。

```
apiVersion: kubeflow.org/v1alpha2
kind: TFJob
metadata:
  labels:
    ksonnet.io/component: mycnnjob
  name: mycnnjob
  namespace: kubeflow
spec:
  tfReplicaSpecs:
    Ps:
      template:
        spec:
          containers:
          - args:
            - python
            - tf_cnn_benchmarks.py
            - --batch_size=32
            - --model=resnet50
            - --variable_update=parameter_server
            - --flush_stdout=true
            - --num_gpus=1
            - --local_parameter_device=cpu
            - --device=cpu
            - --data_format=NHWC
```

```
        image: gcr.io/kubeflow/tf-benchmarks-cpu:v20171202-bdab599-dirty-284af3
        name: tensorflow
        workingDir: /opt/tf-benchmarks/scripts/tf_cnn_benchmarks
      restartPolicy: OnFailure
  tfReplicaType: PS
Worker:
  replicas: 1
  template:
    spec:
      containers:
      - args:
        - python
        - tf_cnn_benchmarks.py
        - --batch_size=32
        - --model=resnet50
        - --variable_update=parameter_server
        - --flush_stdout=true
        - --num_gpus=1
        - --local_parameter_device=cpu
        - --device=cpu
        - --data_format=NHWC
        image: gcr.io/kubeflow/tf-benchmarks-cpu:v20171202-bdab599-dirty-284af3
        name: tensorflow
        workingDir: /opt/tf-benchmarks/scripts/tf_cnn_benchmarks
      restartPolicy: OnFailure
```

在 Kubeflow 中运行这个例子，创建一个 TFJob，可以使用 Kubectl 来管理、监控这个 TFJob 的运行。

```
# 监控当前状态
kubectl get -o yaml tfjobs <jobname> -n <ns>
# 查看事件
kubectl describe tfjobs <jobname> -n <ns>
# 查看运行日志
kubectl logs mycnnjob-[ps|worker]-0 -n <ns>
```

3. 其他机器学习引擎的支持

虽说 TensorFlow 是 Google 自家的机器学习引擎，但是 Google 的 Kubeflow 也提供了对其他不同引擎的支持，包含以下几项。

- PyTorch：是由 Facebook 的人工智能研究小组开发，基于 Torch 的开源 Python 机器学习库。
- Apache MXNet：是一个现代化的开源深度学习软件框架，用于训练和部署深度神经网络。它具有可扩展性，允许快速模型培训，并支持灵活的编程模型和多种编程语言。MXNet 库是可移植的，可以扩展到多个 GPU 和多台机器。
- Chainer：是一个开源深度学习框架，纯粹用 Python 编写，基于 NumPy 和 CuPy Python 库。该项目由日本风险投资公司 Preferred Networks 与 IBM、Intel、微软和 NVIDIA 合作开发。Chainer 因其早期采用"按运行定义"方案及其在大规模系统上的性能而闻名。Kubeflow 将在下一个版本中支持 Chainer。
- MPI：是一个比较小众的深度学习框架，在 Kuberflow 中也可以使用 MPI 来训练 TensorFlow。目前在工业界这部分看到的资料比较少。

这些都是用 Kubernetes CDRs 的形式来支持的，用户只要利用 Kubernetes 一键式创建对应的组件就可以直接管理和使用这些框架。

4. Seldon Serving

既然要支持不同的机器学习引擎，也不能只提供基于 TensforFlow 的模型服务，为了提供其他模型服务的能力，Kubeflow 集成了 Seldon。

Seldon 是基于 Kubernetes 的开源的机器学习模型部署平台。

机器学习部署面临许多挑战。Seldon 希望帮助开发应对这些挑战。它的高级目标是允许数据科学家使用任何机器学习工具包或编程语言创建模型。

在部署时通过 RESTful API 和 gRPC 自动公开机器学习模型，以便机器学习模型轻松集成到需要预测的业务应用程序中。同时最感人的是，Kubeflow 可以一键将复杂的人工智能算法部署为微服务在线提供推理能力。Kubeflow 微服务组件包括以下几个部分。

- 模型：可执行机器学习模型，提供运行时的推理能力。
- 路由器（网关）：将 API 请求分发路由到指定的人工智能算法。示例：AB 测试。
- 组合器：将多种人工智能算法组合包装在一起对外提供服务。
- 变形器（Transfer）：按照业务规则，转换请求或响应中的报文格式。

Seldon 处理已部署模型的完整生命周期管理，实现人工智能算法的热部署，更新运行时的算法，无须停机。除此之外，Seldon 还提供 AB 测试、异常检测等丰富的功能。待模型部署好了之后，Seldon 就可以通过 API 网关暴露的端点来访问和使用模型。

5．Argo

Argo 是一个开源的基于容器的工作流引擎，最新版本已经并融成为 Kubernetes 的 CRD 标准组件。Argo 的主要功能如下。

- 用容器实现工作流的每一个步骤。
- 用 DAG 的形式描述多个任务之间关系的依赖。
- 支持机器学习和数据处理中的计算密集型任务。
- 无须复杂配置就可以在容器中运行 CI/CD。

用容器来实现工作流已经不是什么新鲜事了，而机器学习同样可以抽象为一个或多个工作流。Kubeflow 集成了 Argo，作为机器学习的工作流引擎。

安装好 Kubeflow 之后，就可以通过 Kubectl proxy 来访问 Kubeflow 中的 Argo UI。

现阶段，Argo 在国内暂时没有大规模工业化应用，实际项目中并没有实际的 Argo 工作流来运行机器学习的例子。但是需要注意的是，Kubeflow 自身架构中使用了 Argo 来做自己的 CI/CD 系统。有兴趣的同学可以查看 Argo 的官方 WIKI 深入理解它的构造，对实现自己的人工智能 DevOps 会有很大的好处。

6．Pachyderm

Pachyderm 是容器化的数据池，提供像 Git 一样的数据版本系统管理，并提供一个数据流水线，用来构建数据科学项目。

按照 Pachyderm 官方文档的说法，Pachyderm 的定位是 Docker 版本下的 Hadoop，最终的目的是完全取代现在的大数据技术家族。当然，Hadoop 技术家族发展到现在枝繁叶茂，不是那么轻易能够取代的，下面简单介绍 Pachyderm 技术。

在 Hadoop 中，MapReduce 的任务只能是 Java 的。这对于 Java 专家来说很简单，但不适用于除 Java 专家外的任何人。当然，现在有很多解决方法使用的不是 Java，如 Hadoop Streaming。但是通常来说，如果你要广泛地使用 Hadoop，那么你最好使用 Java 或 Scala。

任务管道在分布式计算中经常是一个挑战。当 Hadoop MapReduce 显示正在运行的任务时，它原生不支持任何任务管道的标识（DAG）。有很多的任务调度工具在解决这个问题上获得了不同程度的成功（如 Chronos、Oozie、Luigi、Airflow），但最终，公司选择整合第三方工具并自己添加功能。整合自己的代码和外部工具的任务成为一件让人头疼的事情。

而 Pachyderm 管道与此正好相反。在 Pachyderm 中为了处理数据，我们只需要简单地创建一个容器化的应用将其读写到本地文件系统上即可。我们可以使用任何想要的工具，因为它运行在一个容器中。Pachyderm 将会使用一个 FUSE 存储卷把数据注入容器中，之后自动地复制这个容器，并展示给每个容器不同的数据块。通过这项技术，Pachyderm 可以并行地扩展代码来处理大量的数据集，再也没有 Java 和 JVM 的什么事了，只要使用我们喜爱的编程语言写数据处理逻辑就可以了。如果代码可以运行在 Docker 上，那么就可以使用代码来做数据分析。

Pachyderm 也会为所有任务和依赖创建一个 DAG。DAG 自动地调度管道使得每个任务在它们的依赖完成之后运行。Pachyderm 中的每个部分互相通知不同之处，因此它们准确地知道哪些数据改变了，以及管道中的哪个子集需要重启。

JVM 是 Hadoop 生态的骨干，如果想要在 Hadoop 之上建造点什么，要么需要用 Java 写，需要一个特定的工具将原来的代码转换过去。Hive 是 HDFS 的 SQL_like 接口，是目前为止最受欢迎且支持度最高的。也有常用的第三方库，如图像处理，但是它们通常很不标准且不经常维护。如果尝试做一些复杂的事情，如分析象棋比赛，那么需要结合很多第三方工具，统一使用。

Docker 则大不一样，它完全不依赖任何的语言和库。我们不用局限于 JVM 指定的工具，只需要使用那些库并把它们打包进 Docker 即可。例如，我们可以使用 npm install opencv 来做 PB 级的计算机视觉任务。工具可以使用任何语言来编写，它非常容易被整合进 Pachyderm 的技术栈里。

Pachyderm 数据分析管道是可插拔和共享的。因为每个部分都是在容器中的，这样可以保证在不同的集群和数据集上运行一个可预测的环境。就像某人可以从 Docker Hub 上拉取（Pull）镜像，并立即使用在生产环境中，也可以通过镜像创建一个自然语言处理的容器。这个容器的工作不依赖任何基础设施。这就是我们通过 Pachyderm 管道想要做的事。

HDFS 是 Hadoop 生态中最稳定和健壮的一个了。它非常适用于分布式地存储大量的数据集，但是缺乏协作。大规模的数据分析和流水线是一个天然的合作结果，但是 HDFS 从来不是被设计成用于并发的。相反，它防止用户之间产生任何影响。如果有人改变了管道的输入流，很容易导致一个任务失败或改变。每个公司使用不同的方式解决这个问题。有时候的方法是使每个用户得到数据的一份副本，而这需要大量的额外存储空间。

Pachyderm File System（PFS）是一个分布式文件系统，它受 Git 的启发。在一个空间中，PFS 给予用户数据的完全版本控制。整个文件系统是基于提交的，这意味着用户拥有数据的每一个版本。就像 Git 那样，Pachyderm 提供了分支功能，允许每个用户有他自己的完全独立的数据分支。用户可以无所顾忌地使用自己的文件，而不需考虑会影响到其他用户。

PFS 使用对象存储数据（S3、GCS、Ceph）。用户不需要担心把数据交给全新的技术是否安全。相反，通过使用 Pachyderm 的数据管理特性，用户可以在保持和之前一样的使用习惯的同时还能得到数据的冗余和一致性保证。

数据的版本控制也是和管道系统高度协作的。Pachyderm 了解用户的数据怎样变化，因此，当新的数据进来时，用户可以仅仅在变化的那部分数据上运行他的任务，而不需要读取整个文件。这不仅使得集群性能大幅提高，而且使得 Pachyderm 的批处理和流处理没有任何区别，相同的代码可以支持两种操作。

在 Hadoop 中，两个主要的工具是 YARN 和 ZooKeeper。YARN 用于任务调度和资源管理，ZooKeeper 则提供了配置信息的强一致性。在 Hadoop 概念中，没有好的其他工具解决这些问题，所以 Hadoop 是强烈依赖 YARN 和 ZooKeeper 的。这两个工具早期促成了 Hadoop 的成功，但现在却成了新特性的重要障碍。模块化的缺失，毫无疑问是 Hadoop 的最大缺点。

Pachyderm 遵循了 Docker 的哲学——“包含电池，但可以移除”。我们聚焦于把大数据分析做到最好，其他的部分全部使用现成的组件。我们选择 Kubernetes 用于集群管理，选择 Docker 用于容器化，但它们都可以使用其他的组件替换。

在 Pachyderm 技术栈中，集群管理使用 Kubernetes 和 CoreOS 的工具 Etcd。Kubernetes 和 Etcd 的功能类似于 YARN 和 ZooKeeper。Kubernetes 是一个调度者，根据资源的可用性来调度服务。Etcd 是一个容错的分布式数据库，用于存放配置信息并在网络分裂后进行节点的管理。如果一个节点挂掉了，Etcd 注册这个信息并使得 Kubernetes 重新收集节点的进程。其他的集群管理工具，如 Mesos，可以用于替代 CoreOS 和 Kubernetes，但没有被正式地支持。

使用现成的工具有两大好处：第一，它节省了我们“重复造轮子”的时间并且给了我们很好的抽象和剥离；第二，Etcd 和 Kubernetes 本身就是模块化的，因此它们也支持其他的部署方案。

关于 Kuberflow 的介绍就到此告一段落了。

综上所述，Kubeflow 是人工智能中台化开源框架，集成了各种主流的人工智能开源能力（GPU 资源管理、算法建模、模型训练、模型服务化），对于缺乏研发能力和经验的中小型企业，不失为一个很好的选择。